Malte Jürgens (Hrsg.)

Kultsportwagen der 50er, 60er & 70er

Kult Sportwagen

der 50er, 60er & 70er

Malte Jürgens
(Hrsg.)

Motor
buch
Verlag
spezial

Einbandgestaltung: Sven Rauert

Titelbild: Archiv Motor Klassik

ISBN 978-3-613-03066-8

Sie finden uns im Internet unter
www.motorbuch-verlag.de

Spezialausgabe: 1. Auflage 2009

Innengestaltung: IPa, 71665 Vaihingen/Enz
Druck und Bindung: Rung Druck, 73033 Göppingen
Printed in Germany

Inhaltsverzeichnis

007 JB

Kino

Gentlemen, start your engines

Mit dieser höflichen Aufforderung werden alljährlich im amerikanischen Indianapolis zehntausende von Pferdestärken entfesselt, die dann 500 Meilen lang um die Wette fahren. Der Satz besitzt eine ewige Magie, die auch diesseits aller Rennstrecken bestens funktioniert. Zwar würde man heute höflicherweise formulieren »Ladies and gentlemen, start your engines!«, aber der schaurig-süße Nervenkitzel bleibt der gleiche wie eh und je: Wie wird sich das Kraftwerk wohl anhören, das da unter der knapp sitzenden Motorhaube in der nächsten Sekunde zum brüllenden Leben erwacht?

Sportwagen sind Emotion pur, und Ferry Porsche hat nicht von ungefähr seine berühmt gewordene Prognose gewagt: »Das letzte Auto, das je gebaut werden wird, wird ein Sportwagen sein.« Wahrscheinlich behält er Recht.

Die Faszination klassischer Sportwagen liegt zu einem guten Teil gerade in ihrer Unvollkommenheit aus heutiger Sicht. Sie sind zu laut, zu hart gefedert, zu spartanisch, bisweilen auch ein bisschen zu unbequem, und sie verlangen von ihren Fahren noch das große Einmaleins der Fahrkunst: Kein ESP reagiert auf ein ausbrechendes Heck, sondern allein der Mann – oder die Frau – hinter dem Volant. Genau das aber macht den Spaß beim Fahren aus.

An diesem Spaß hat sich über Generationen hinweg nichts geändert. Die Kult-Sportwagen der 50er, 60er oder 70er Jahre verkörpern die jeweils volle technische Kompetenz ihrer Epoche bei der Suche nach einer Antwort auf die Frage: Wie komme ich am schnellsten von S nach Z, vom Start zum Ziel?

Die Antworten unterscheiden sich, von Marke zu Marke und von Jahrzehnt zu Jahrzehnt, denn selbst Morgan ist in 100 Jahren unter der Haube stets mit der Zeit gegangen. Einige der schönsten Tatbestände des klassischen Sportwagenbaus stellen wir Ihnen hier vor. Genießen Sie die das Aroma der Porsche und Triumph, der Audi, Jaguar und BMW, der Aston Martin, Austin-Healey, Morgan, Ferrari, Bizzarini, De Tomaso, der Maserati, Lamborghini, der Muscle Cars aus den Staaten. Und wundern Sie sich nicht, wenn Sie plötzlich eine blecherne Stimme aus dem Streckenlautsprecher hören: »Gentlemen, start your engines!«

Malte Jürgens

▶ Ein Speedster ist heute die ferne
Sehnsucht aller 356 Enthusiasten

1954

Porsche 356 A Carrera Speedster

Speed Star

Der Speedster ist ein Meilenstein in der frühen Geschichte der Marke Porsche. Die Idee, den herrlich unpraktischen Roadster zu bauen, kam nicht aus dem Konstruktionsbüro, sondern direkt vom Schreibtisch des Amerika-Importeurs.

Unsere zeitgenössischen Automobile beladen wir gerne mit einem Fluch: »Schmach über Euch, Ihr habt Euch von den studierten Kaufleuten im Marketing allen Charakter abhandeln lassen, um mit vergänglicher Schönheit einer breiten Masse zu gefallen.« Und da die meisten modernen Autos keine Wurzeln haben, die tief in die Vergangenheit reichen, erinnern sie sich kaum daran, dass Kaufmanns-Geist einst traumhafte Klassiker erschuf.

Das schöne Märchen spielte in der Morgenröte des deutschen Wirtschaftswunders, also lange vor der Einführung der Meetings. Die Inspiration kam noch nicht aus einer Mannschaft manipulierender Marketing-Manager. Die Quelle kühnen Geistes war vielmehr ein kluges Individuum, Maximilian Edwin Hoffman, ein Amerikaner österreichischer Herkunft und später Nachkomme von König Midas, weil er Ideen rasch in Gold verwandeln konnte.

Maxi Hoffman entdeckte Volkswagens Käfer für die USA. Er importierte Mercedes und forderte den 190 SL als erschwingliche Alternative zum 300 SL. Maxi Hoffman verkaufte BMW und verlangte einen Roadster. Weil ihm keiner der Profi-Entwürfe gefiel, machte er die erste Skizze selbst und gab die Reinzeichnung bei einem Freund in Auftrag, dem Designer Graf Albrecht Goertz in New York, was schließlich mit dem BMW 507 endete.

Weil er Volkswagen im Sortiment hatte, verkaufte Maxi Hoffman auch die Sportwagen der technisch noch stark verschwägerten Marke Porsche. Das war in jenen Jahren nicht ganz leicht, denn aus England kam viel preisgünstige Konkurrenz. Die Roadster von MG, Triumph und Sunbeam kosteten weit weniger als ein edler Porsche.

Das Auto, das er daraufhin von Porsche forderte, enthebt Maxi Hoffman über jeden Verdacht, ein Marketing-Mann im heutigen Sinn zu sein, denn er verlangte den einfachen Porsche für weniger Geld, einen Roadster für die Boys im sonnigen Südwesten als luftige Verbindung zwischen Surf Café und Club Race.

Die Erstausgabe des ausstattungsbereinigten Porsche 356 war 1952 der sogenannte America Roadster, ein völlig ballaststofffreies Cabrio mit einer niedrigen, geteilten Windschutzscheibe – und ohne Seitenscheiben. Zur Frage des Dachs widersprechen sich die Quellen der Überlieferung, aber bei Porsche herrscht heute die Meinung vor, er hatte eins der einfachen Sorte.

Dieser erste Roadster ist auf Amerikas Clubrennstrecken seinerzeit ein Seriensieger. Das Ding wiegt 605 Kilogramm und kommt mit den 70 PS des 1500-S-Motors forsch voran. Bis daraus offiziell der Typ 540 wird, in dessen Namen sich die Worte Speed und Roadster zu Speedster verschmelzen, dauert es noch bis zum September 1954.

Historie

1953
Max Edwin Hoffman, Porsches US-Importeur, fordert ein 356-Einsteigermodell, das weniger als 3000 Dollar kosten soll.

1954
Debüt des Speedster, Preis: 2995 Dollar. James Dean kauft ihn im Jahr der Premiere.

1955
Der 356 A erscheint auf Wunsch mit 1,6 Liter-Motor oder Carrera-Triebwerk. Erkennungszeichen des A ist seine gewölbte Frontscheibe.

1958
Im August wird der Speedster überarbeitet und in Convertible D umbenannt. D steht für Karossier Drauz.

1959
Wieder ein neuer Name: Roadster. Premiere des 356 B mit retuschierter Front.

1961
Einstellung der Roadster-Produktion im August.

▶ Im Schau-Fenster: Ein Speedster war für Einsteiger gedacht, für deutsche Verhältnisse aber dennoch elitär.

▶ Typisch Speedster: Blech-Cockpit, drei Uhren, ein paar Schalter – aber Fahrspaß ohne Ende.

Der Speedster ist die endgültige Antwort auf Maxi Hoffmans Frage nach dem einfachen Porsche – eine aufregend elegante außerdem. Die kleine Windschutzscheibeumgibt ein zierlicher Chromrahmen, im Cockpit gibt es schlanke und kräftig zupackende Schalensitze, die Instrumente formen ein sportliches Triptychon: links der Tacho, zentral und erhöht der Drehzahlmesser und rechts eine Kombiskala für Benzinvorrat und Öldruck. Ein paar Schalter und ein Zündschloss, das war's.

Als Speedster hat der offensive Porsche zwar grundsätzlich ein Verdeck, aber die Konsequenz seiner Sparsamkeit stellt die Besatzung bei Gebrauch des Dachs vor eine harte Prüfung. Am besten beschreibt das eine Textpassage, die Lothar Boschen und Jürgen Barth in »Das große Buch der Porsche Typen« aus einem Schatzkästlein der deutschen Literatur zitiert und der Nachwelt erhalten haben. Denn der Prüfbericht des TÜV Stuttgart führte 1954 mit schwer nachvollziehbarer Logik über den Speedster folgendes aus: »Bei offenem Verdeck ist auf den Notsitzen kein Platz für weitere Personen; bei geschlossenem Verdeck sind die Notsitze für Personen über 1,60 Meter nur dann benutzbar, wenn für den Kopf eines jeden Mitfahrers ein Loch in das Verdeck geschnitten wird.«

Ansonsten lässt sich über dies Verdeck nicht allzuviel sagen: Es ist so klein und der aufrechten Sitzhaltung des Menschen derart im Weg, dass sein Gebrauch eigentlich nur bei ruhendem Fahrzeug oder angesichts von Naturkatastrophen zu empfehlen ist. Das gleiche gilt auch für die Steckfenster, die mit ihren handspannenhohen Scheiben einen bedrohlich flachen Durchblick bieten. Aus der extremen Dachsituation lassen sich zwei taugliche Betriebszustände ableiten: geschlossen parken, offen fahren.

Damit der offene Vollzug auf jeden Fall Vergnügen macht, gab es den Speedster gleich von Anfang an mit diversen Motoren. Das Einsteigermodell hatte 1290 cm^3 und 60 PS, und wir standen jung an Jahren, doch mit leeren Taschen vor einem Preisschild mit der Summe von 10 500 Deutschen Mark. Auch mit dem 70 PS starken 1500-S-Motor war er mit knappen 13 000 Mark aus heutiger Sicht ein wahrhaft smartes Angebot.

Maxi Hoffmans erschwinglicher Porsche wird sofort ein Hit. 1956 finden insgesamt 4264 Porsche einen Käufer, davon wählen rund 1700 den Speedster. Der schlichte Porsche bleibt erfolgreich bis zum Modelljahr 1958, dann setzt unaufhaltsam die Verweichlichung im Alter

ein. Den soften Nachfolger baut die Karosserie-Fabrik Drauz in Heilbronn als Convertible D (D wie Drauz). Die Windschutzscheibe ist höher, das Verdeck ist geräumiger und vermutlich sogar dicht, die Seitenscheiben sind aus Glas und groß, sie lassen sich gutbürgerlich herunterkurbeln. Zwei Jahre später nimmt der Convertible als Porsche 356 B den alten Namen Roadster an.
Doch 1961 ist Schluss mit luftig. Es gibt keine Roadster mehr und keine Porsche mit dem tiefen Dekolleté. Dass ein kurzes und intensives Leben Legenden schafft, verbindet den Speedster mit einem seiner Fahrer: James Dean hat sich in einem solchen Porsche zu seinem schicksalhaften Spyder hochgedient, und das ist ein Tatbestand, der dem Mythos Speedster Nahrung schafft. So kommt es, dass Maxis Werk, der unpraktischste aller 356, in der Wunderwelt der klassischen Automobile der gefragteste und teuerste Vertreter seiner Art ist. Nur ein serienmäßiger Zeitgenosse übertrifft ihn noch: der Spyder 550. Aber auch den hat Maxi Hoffman mutig angeschoben.
Ein kleines Kontingent von auserwählten Speedstern fuhr schon ab 1955 mit der Kraft der zwei Herzen in die Welt. Denn hinten tobte mit 100 PS jener legendäre Carrera-Motor, von dem sein österreichischer Vater Ernst Fuhrmann später einmal verzückt sagen wird: »Des war a schöne Jugendsünd.« Der luftgekühlte Vierzylinder-Boxer folgte dem komplexen Stil seiner Zeit. Er hat vier obenliegende Nockenwellen, die über Königswellen an-

▶ Die Form des Rückspiegels nimmt die Rundungen des 356-Bugs auf (links unten).

▶ Original-Zubehör: Steinschlag-Gitter für die Scheinwerfer (rechts unten).

▶ Mit Carrera-Schildchen waren die Speedster schon damals selten (rechts ganz unten).

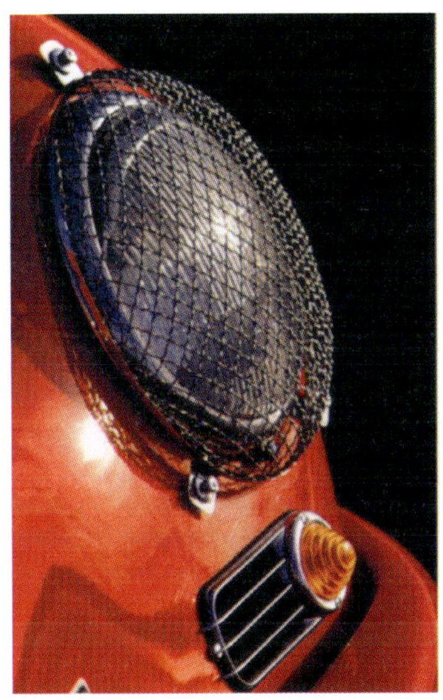

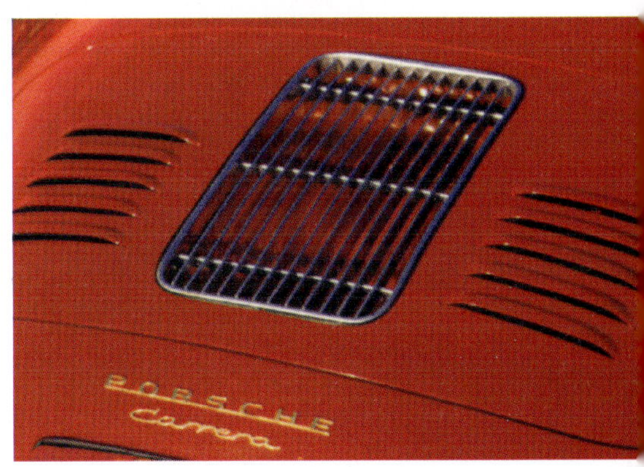

getrieben werden. Um dies zu bewerkstelligen, fletschen 14 Kegelräder ihre Zähne – ein Aufwand, der aus heutiger Sicht mehr als exotisch wirkt. Ein Detail allerdings verbindet den ersten Carrera-Motor mit dem jüngsten wassergekühlten Boxer: ein gewisser Wellensalat, denn der Antrieb der Nockenwellen geht von einer Nebenwelle unter der Kurbelwelle aus. Natürlich gibt es damals pro Zylinder nur zwei Ventile, die über Schlepphebel betätigt werden. Viel Bohrung (85 mm) und wenig Hub (66 mm) ergeben 1498 cm^3, die 100 PS stellen sich bei 6200 Touren ein.

Die Technik im Motorraum ist übersichtlich wie ein Gericht der Nouvelle Cuisine: mitten über dem Motor ein zweiflutiges Gebläse, links und rechts daneben Doppelfallstromvergaser von Solex oder Weber. Vorsichtige fahren sie mit Filter, Musikliebhaber wählen die offene Aussprache der Trichter. Das einfache Arrangement täuscht über kapriziöse Wartungsansprüche hinweg: Zum Kerzenwechsel muss der Motor raus.

Nur zwei der 167 Carrera-Speedster haben in ihrer deutschen Heimat überlebt. Einer davon röhrt bei Hans Reuter in Kirn an der Nahe im beneidenswerten Zustand einer glatten Eins, was laut Gutachten einem Wiederbeschaffungswert von 280 000 Mark entspricht.

Zum Fahrtermin verharrt das Thermometer unter Null, doch Ehrensache: Das Verdeck bleibt unten. Der Boxer kommt sofort mit vollzähliger Zylinderzahl zur Sache, obwohl die sechs Liter Öl sich an dem Wetter nicht erwärmen können.

Der erste Gang von vieren begrüßt den Fahrer nach langem Weg mit geschmeidiger Synchronisation und in der Folge auch mit einer ziemlich langen Übersetzung. So eine Auslegung des Getriebes in Tateinheit mit der scharfen Charakteristik dieses Motors mündet in ein Fahren wie vor 40 Jahren: Man wählt die Gänge kleiner und die Drehzahl höher als heute üblich.

Runde Sache: Die Bauart des Speedster betont den unnachahmlichen Charme der 356-Linien.

Der Carrera-Motor ist dabei in seiner besten Stimmlage. Vier Ansaugtrichter und ein Sebring-Auspuff trompeten die Geräusche des Königswellen-Motors nieder. Angesichts von 100 PS und 835 Kilogramm Leergewicht geht es mit Macht voran.

Aber beeindruckend ist nicht allein die Urgewalt des Motors. Erstaunlich ist auch nicht so sehr die souveräne Art und Weise, mit der das gut gezähmte Pendelachsfahrwerk und die modernen Gürtelreifen die Straße im Griff haben. Begeisternd ist vielmehr die wundervolle Sparsamkeit des Cockpits und die servofreie Klarheit aller Reaktionen.

Das gilt besonders für die Carrera-Trommelbremsen, die in ihren Jugendjahren die bissigsten Backen der Welt hatten. Mit der Sanftmut ihrer gelassenen Verzögerung nehmen sie das ABS auf einzigartige Weise vorweg.

▶ **Designer-Stücke: flacher Spiegel, Schriftzüge im Schwung der Zeit.**

Text: Clauspeter Becker
Fotos: Uli Jooß

Daten & Fakten Porsche 356 A Carrera Speedster

▶ Motor
Vierzylinder-Boxermotor, längs hinter der Hinterachse eingebaut, vier obenliegende Nockenwellen, angetrieben durch Königswellen, Bohrung x Hub 85 x 66 mm, Hubraum 1498 cm^3, Verdichtungsverhältnis 9,0:1, Leistung 100 PS bei 6200/min, max. Drehmoment 118 Nm bei 5200/min, vierfach rollengelagerte Kurbelwelle, V-förmig hängende Ventile, Gemischaufbereitung durch zwei Doppel-Fallstromvergaser Solex 40 PJJ, Tankinhalt 50 Liter

▶ Kraftübertragung
Hinterradantrieb, Einscheiben-Trokkenkupplung, vollsynchronisiertes Vierganggetriebe

▶ Karosserie/Fahrwerk
Ganzstahlkarosserie mit verschweißtem Stahlblech-Kastenrahmen, vorn Einzelradaufhängung an zwei längsliegenden, auf zwei querliegende Drehstabfedern arbeitenden Traghebeln, Stabilisator; hinten Einzelradaufhängung an zwei Pendelhalbachsen, Längslenker, zwei querliegende Drehstabfedern, Schneckenlenkung, vier Trommelbremsen, Reifen 5,90-15 Supersport auf Felgen 4 1/2 J 15

▶ Maße/Gewicht
Radstand/Länge 2100/3950 mm, Breite/Höhe 1670/1220 mm, Spur vorn/hinten 1306/1272 mm, Leergewicht 835 kg

▶ Fahrleistungen
Beschleunigung 0-100 km/h 11,8 s, Höchstgeschwindigkeit 198 km/h (Carrera Coupé, Testwerte aus *auto motor und sport,* 9/1956), Verbrauch 12,8 Liter/100 km (Testwert)

▶ Bauzeit
1955 bis 1958 (356 A Carrera Speedster)

▶ Club
Porsche 356 Club Deutschland e.V., Rote-Haag-Weg 7, 52076 Aachen, Tel. 0241/911052, Fax 0241/1894663

KH-SP 356

Früher war er der einfachste 356, heute ist er der begehrteste.

▶ **Die Grazie im BMW-Programm der fünfziger Jahre war eindeutig der 507. Die betonten Kotflügelrundungen verhalfen dem Roadster zu einer erotischen Ausstrahlung.**

1955

BMW 507

Blaublüter

▶ *Albrecht Graf Goertz schuf die rassige Linie des BMW 507, der Mitte der fünfziger Jahre die Fachwelt begeisterte und zum Diamant vom Isar-Strand erklärt wurde. Im späteren Z8 lebte der Geist des legendären Vorfahren weiter.*

Ganz Paris träumt von der Liebe«, sang Caterina Valente Mitte der fünfziger Jahre. Auch in der deutschen Metropole Frankfurt wurde geträumt – allerdings nicht von Liebe. Die dort im September 1955 stattfindende Internationale Automobilausstellung wurde zum Mekka für viele Tausende, die sich nichts sehnlicher wünschten als ein Auto.

Dank der Wirtschaftswunderzeit rückte dieses Verlangen in greifbare Nähe. Ein üppiges Angebot an günstigen Kleinwagen stellte für die schutzlos dem Wetter ausgelieferten Motorradfahrer eine Chance zum Um- und Aufstieg dar. Denn damals fuhren die meisten ein Zweirad nicht zum Vergnügen, sondern weil sie sich kein Auto leisten konnten.

Auch Wolf Gehrmann aus Wiesbaden war zur IAA mit einem Motorroller angereist. Er erlag aber nicht dem Charme irgendeines Kleinwagens, sondern verharrte fassungslos am Stand 63 in Halle 1b. Dort präsentierte die Firma BMW ein Fahrzeug, das als Sensation dieser Messe bejubelt wurde: der 507 Touring Sport, der mit dem gleichzeitig vorgestellten luxuriösen 503 das bayerische Unternehmen in den erlesenen Kreis der Traumwagenhersteller katapultierte.

Begeistert fasste Gehrmann den Entschluss: »Das wird einmal mein Auto.« Wie viel Optimismus hinter diesem Gedanken steckte, macht ein Vergleich deutlich: Damals lag der durchschnittliche Bruttowochenverdienst der Deutschen bei 86,85 Mark. Der »schneeweiße Traum von phantastischer Gestalt«, wie die *Frankfurter Nachtausgabe* schwärmte, sollte 26 500 Mark kosten.

Ebenfalls nicht glücklich über diesen hohen Preis war Maximilian Edwin Hoffman, ein Österreicher mit Wohnsitz in Amerika, der als gewiefter Autoimporteur galt und bereits Mercedes zum Bau des 300 SL animiert hatte. Auch an der Entstehung des 507 wirkte er mit. Es war ihm nicht schwer gefallen, BMW-Verkaufs-Chef Hanns Grewenig davon zu überzeugen, dass er in den USA einen BMW-Sportwagen gut verkaufen könne. Der einflussreiche Grewenig sah im Exportgeschäft den rettenden Anker für die ins finanzielle Abseits treibende Firma und führte ohne den gerade zur Kur gereisten Direktor Kurt Donath die Entscheidung zum Bau eines solchen Fahrzeugs herbei.

Max Hoffman brachte schließlich auch den in Deutschland geborenen und in den USA lebenden Stylisten Albrecht Graf Goertz ins Spiel, ein Ex-Schüler des Cola-Flaschen-Designers Raymond Loewy, der ihn allerdings mit den Worten »aus Dir wird nie ein Designer« hinausgeschmissen hatte.

Für Goertz war es die Chance seines Lebens. Er fertigte einige Skizzen an, wurde daraufhin sofort nach München eingeladen und zum Verantwortlichen für die Form

Im 507 werden Überlandtouren zur genussvollen Reise.

Historie

1954
Ernst Loofs Prototyp für den künftigen BMW Roadster wird abgelehnt.

1955
Vorstellung des von Graf Goertz entworfenen BMW 507 im New Yorker Hotel Waldorf Astoria und auf der IAA in Frankfurt.

1956
Im November geht der 507 in Serie.

1957
Start der Serie 2 mit kleinerem Tank unter dem Kofferraum.

1959
Produktionsende, Stückzahl 254, inklusive Loof-Wagen und Einzelstücke von Loewy und Michelotti.

D
WI S 507 H

des neuen BMW-Sportwagens erklärt – Jahresgehalt rund 64 000 Mark.

Tatsächlich erfüllte der gut bezahlte Designer die in ihn gesetzten Hoffnungen. Er brachte sogar die Fachwelt ins Schwärmen, wie die fast schon legendären Zeilen des IAA-Berichtes in der *Süddeutschen Zeitung* anno 1955 belegen: »Da stand dieser Wagen – drei Meter lange Motorhaube, hellgelbe Schweinsledersitze, funkelnde Armaturen, spiegelnder Lack, sparsamer Chrom, ein Zwitter fast schon zwischen Flugzeug und Auto, ein Düsenjäger der Autobahn, ein technisches und formalgestalterisches Wunderwerk.«

Doch damit nicht genug: Das eng geschnittene Aluminiumkorsett des Roadsters mit den verwegenen Luftaustrittsgittern an den Flanken regte mit seinen Proportionen sogar die männliche Fantasie an. »Ein Auto ist immer auch ein Sexsymbol«, erklärt Graf Goertz sachlich die Gefühlswallungen mancher Herren beim Anblick des BMW.

Aber die Behauptungen, er habe gewisse Rundungen von Gina Lollobrigida und Sophia Loren auf den 507

▶ Ob von hinten oder von der Seite, die Proportionen wirken gelungen.

Kunstvolles Luftaustrittsgitter mit BMW-Emblem an der Flanke (links unten).

Die beiden Rückfahrscheinwerfer konnten als Extra geordert werden (rechts).

übertragen, verweist er mangels Gelegenheit, Maß zu nehmen, ins Reich der Märchen: »Die kannte ich leider nicht persönlich.«

Als ebenso märchenhaft erwiesen sich Grewenigs Vorstellungen vom großen USA-Geschäft. Hoffmans Erzählungen bewahrheiteten sich nicht, dem Importeur fiel der Preis zu hoch aus, um den Roadster erfolgreich vermarkten zu können. Aber die Bayern konnten ihm nicht entgegenkommen, wollten sie noch etwas an dem in zeitaufwendiger guter deutscher Wertarbeit entstehenden Auto verdienen. So war dem Vollblut aus München nur ein recht kurzes Leben beschieden: 1959 wurde die Produktion überraschend eingestellt. Aber ganz in Vergessenheit geriet das Auto nie – schon gar nicht bei Wolf Gehrmann, der seine Absicht, einmal einen 507 zu besitzen, unter der Rubrik Wiedervorlage aufbewahrte.

Im Jahre 1986 war der BMW-Fan endlich am Ziel seiner Wünsche, er kaufte ein blaues Exemplar mit der Fahrgestellnummer 70236, das am 29. Dezember 1959 die Werkshallen verlassen hatte.

Vermutlich schon damals befand sich ein ungewöhnliches Ausstattungsdetail an Bord: ein schmales, lederbezogenes Kissen, mit dem sich die beiden Einzelsitze in eine durchgehende Bank verwandeln lassen. »Der Vorbesitzer war ein Reitlehrer, der so immer zwei seiner Schülerinnen gleichzeitig spazieren fahren konnte«, erzählt Gehrmann. Zwar ist der Innenraum des 507 für einen Roadster vergleichsweise geräumig, doch zu dritt muss so eine Ausfahrt eine recht intime Angelegenheit gewesen sein.

Ob sich deshalb eines der Pferde vernachlässigt gefühlt hat, ist nicht überliefert. Jedenfalls hinterließ es in der rechten Tür einen Hufabdruck, dessen laienhaft kaschierte Spuren der Wiesbadener im Rahmen einer Restaurierung beseitigen ließ.

Nicht verzichten wollte Gehrmann aber »wegen eines übertriebenen Sicherheitsdenkens« auf die nachträglich unterhalb der Armaturentafel ergänzten Zusatzinstrumente, die über das Befinden des Triebwerks Auskunft geben. Das montierte hölzerne Nardi-Lenkrad ist dagegen ein zeitgenössisches und schmuckes Zubehör.

Ein weiterer Blickfang stellt das in der blechernen Armaturentafel versenkte Becker Mexiko Radio dar, das seinerzeit 780 Mark Aufpreis kostete – eine Summe, für die ein BMW Isetta-Besitzer zwei Austauschmotoren, eine Lichtmaschine und einen Satz Stoßdämpfer ordern konnte.

Dafür bekam der 507-Fahrer einige Extras gratis geliefert, wie etwa den faszinierenden Blick nach vorn entlang der ansprechend gerundeten Kotflügel, zwischen die harmonisch die Motorhaube eingebettet ist. Für die akustische Untermalung dieser reizvollen Aussicht sorgt in beeindruckender Tonlage ein V-Achtzylinder-Triebwerk aus Leichtmetall.

Bereits im März 1954 hatte BMW den ersten deutschen Nachkriegsmotor mit Vollalublock und acht Zylindern auf dem Genfer Salon für die 501 Limousine vorgestellt. Zu den Konstruktionsmerkmalen zählten fünffach gelagerte Kurbelwelle, nasse Zylinderlaufbuchsen, eine zentral angeordnete Nockenwelle und über Stoßstangen und Kipphebel betätigte Ventile. Für die im Roadster eingebaute 3,2-Liter-Version wurde zunächst eine Leistung von 140 PS angegeben, aus denen dann letztendlich 150 PS bei 5000/min wurden.

Die nicht gerade überwältigende Literleistung von 47,4 PS/Liter verdeutlicht, dass es sich nicht um ein hochgezüchtetes Rennaggregat handelt, sondern es standen andere Qualitäten im Vordergrund. Das prickelnde Klangerlebnis aus Ansaugschlürfen und einem bei etwa 3000/min einsetzenden, betont aggressiven Auspuffgeräusch verführt zwar, in den einzelnen Gängen bis 5000/min zu drehen, aber als wahrer Kraftprotz entpuppt sich diese Maschine erst, wenn es um Durchzug geht.

In dieser Disziplin konnte es der BMW auch mit dem Konkurrenten aus Stuttgart aufnehmen. Wird im vierten Gang ab 30 km/h beschleunigt, distanziert er bis 110 km/h den 215 PS starken Mercedes 300 SL Roadster um über eine Sekunde. Bis 130 km/h hat der BMW die Nase vorn, wenn auch nur knapp – aber dafür in einem

Daten & Fakten BMW 507

Motor

Achtzylinder-V-Motor aus Leichtmetall, im V angeordnete Nockenwelle, parallel hängende Ventile über Stoßstangen und Kipphebel betätigt, Bohrung x Hub 82 x 75 mm, Hubraum 3168 cm³, Verdichtung 7,8:1, Leistung 150 PS bei 5000/min, maximales Drehmoment 235 Nm bei 4000/min, zwei Doppel-Fallstromvergaser Zenith (Solex) 32 NDIX1/24, ab 1957 1/22

Kraftübertragung

Hinterradantrieb, Einscheiben-Trockenkupplung, Vierganggetriebe

Karosserie/Fahrwerk

Leichtmetallkarosserie auf Kastenrahmen mit Rohrquerträgern, vorn Einzelradaufhängung an Dreiecksquerlenkern, Drehstabfederung, Teleskopdämpfer, hinten Starrachse mit Zug- und Schubstreben, Drehstabfederung, Kegelradlenkung

Maße/Gewicht

Länge/Radstand 4380/2480 mm, Breite/Höhe 1650/1300 mm, Gewicht 1280 kg

Fahrleistungen

Beschleunigung 0-100 km/h in 11,1 s, Höchstgeschwindigkeit 196,5 km/h (Testwerte)

Club

BMW-Veteranen-Club Deutschland e.V., Tel. 02772/41665

Geschwindigkeitsbereich, der im Alltagsverkehr am häufigsten genutzt wird. Da fällt der Schmerz nicht ganz so groß aus, dass der SL absolut gesehen das schnellere Auto ist, und die von BMW versprochene Höchstgeschwindigkeit von 220 km/h nur mit aerodynamischen Tricks erreicht werden konnte.

Auch das Erbe des sportlich erfolgreichen BMW 328 konnte der 507 nicht antreten. Zwar taugte das Auto zu deutlich mehr als nur zum Cruisen mit Reitschülerinnen auf der Münchener Leopoldstraße, doch die geringe Stückzahl stand der Homologation für aussichtsreiche Rennläufe im Wege. Es blieb bei einigen von Hans Stuck errungenen Siegen bei Bergrennen.

Dabei profitierte er von der Gutmütigkeit des breitspurigen Autos. Die vordere Einzelradaufhängung sowie die starre Hinterachse mit Schubstreben und Panhardstab sorgen für einen unspektakulären, modernen Fahreindruck. Die bei Autos dieser Ära erwarteten Tücken bleiben aus. Ebenso überrascht das Fehlen von Klappergeräuschen und Karosserieverwindungen – ein Verdienst des steifen Rahmens.

Aus heutiger Sicht liefert der 507 eine wohl dosierte Mischung aus Fahrspaß und einer bis ins Detail konstruierter Alltagstauglichkeit, wie beispielsweise die spoilerförmigen Sonnenblenden, die beim Offenfahren die Bildung von Unterdruck im Cockpit verhindern. Hinzu kommt ein drehmomentstarker, klangvoller Motor und ein Fahrwerk, das flotte, leichtfüßige Landstraßenpartien erlaubt.

Dieses Konzept des 507 hat BMW in die Neuzeit transportiert, inklusive einiger Designmerkmale. Als der inzwischen wieder verblichene Z8 auf der IAA gezeigt wurde, soll ein junger Rollerfahrer beobachtet worden sein, der träumend davor stand.

Text: Bernd Woytal
Fotos: Reinhard Mutschler

Freier Blick nach hinten: Das leicht zu öffnende Verdeck lässt sich vollständig versenken.

WI S 507 H

WW-AA 911

1966

Porsche 911 S

Trau keinem über 35

Der Porsche 911 S feiert Jubiläum. Es gibt ihn seit über 35 Jahren. Und er beweist, dass dies kein Alter ist für einen Porsche. Denn er geht wie ein junger, und er jubelt wie in seinen Jugendjahren bis an den Begrenzer bei 7200 Touren.

24 480 Mark kostete der 911 S im Jahr 1966 – fast so viel wie fünf 1300er Käfer.

Unsere Erinnerung verklärt die sechziger Jahre zum Goldenen Zeitalter der ungestümen Motorleistung. Wenn wir uns in alten Katalogen die Grenzen des seinerzeit schon hoch gesteckten Wachstums anschauen, dann ragen aus diesen letzten Jahren vor dem Einbruch der Abgasentgiftung einige wenige besonders starke Stücke weit heraus.

Es gab in den späten Sechzigern einen Ferrari 500 Superfast mit fünf Liter Hubraum und 400 PS. Die Leistungsangaben für die Chevrolet Corvette mit dem Siebenliter-Big Block-Motor reichten bis 460 SAE-PS.

Aber das Auto, das die Deutschen 1966, vor 30 Jahren also, mit seinem Temperament in Atem hielt, war der Porsche 911 S, dessen Sechszylinder-Boxer mit zwei Liter Hubraum noch das Maßhalten übte.

Mit gerade einmal 160 PS war Deutschlands Supersportwagen der frühen Jahre deutlich schwächer als moderne, sportive Mittelklässler heutzutage – ein Golf V6 zum Beispiel, ein BMW 330 i oder ein Mercedes C 320.

Dennoch, es war Ergriffenheit im Spiel, als Reinhard Seiffert 1966 den Testbericht für *auto motor und sport* mit seiner Tippa-Reiseschreibmaschine stanzte: »Es lässt sich kaum etwas Eindrucksvolleres vorstellen, als wenn man auf einem verkehrsfreien Autobahnabschnitt bei 150 km/h in den IV. Gang zurückschaltet und dann bis über 180 km/h hochbeschleunigt.«

Ansonsten schrieb Reinhard Seiffert den Test mit Glacé-Handschuhen. Denn politisch war Porsches Powerplay in den angeblich so goldenen und leistungsorientierten sechziger Jahren keineswegs unproblematisch. Fast 100 breite Zeilen widmete Seiffert der Rechtfertigung, dass solche Autos in den richtigen Händen weder unvernünftig noch verbrecherisch seien, wie das seinerzeit gerade der Münchener Strafrechts-Professor Paul Bockelmann behauptet hatte.

Technisch betrachtet wagte der Porsche 911 S im Herbst 1966 den zweiten Schritt in eine offenbar unendliche Zukunft. Er war das erste Upgrading des Urtyps 911, der 1963 auf der IAA vorgestellt wurde und 1964 mit langsam steigender Stückzahl in Produktion ging.

Mit einer Stärkung von 130 auf 160 PS schon im dritten Baujahr meldete Porsche unmissverständlich auch einen Führungsanspruch bei den deutschen Sportwagen an, denn Mercedes hatte mit dem 230 SL die Latte auf 150 PS gelegt. Und selbstbewusst war auch die Preisgestaltung: 24 480 Mark. Damit beanspruchte Porsche einen Platz in der Oberklasse.

Der Elfer war für dieses viele Geld ein ausgesprochen schlankes Auto, was nicht nur seine von Verbreiterungen noch nicht heimgesuchte Karosserie betrifft. Der Zuffenhausener High-Tech-Käfer war damals knappe 20 Zentimeter schmaler als ein Turbo heute.

Ferner hatte so ein alter Elfer nichts von dem, was einen Porsche-Fahrer mittlerweile auf verführerisch komfortable Weise von den Realitäten der Fahrdynamik distanziert: Es gab keine Servobremse und keine Servolenkung. Geräuschdämmung und -dämpfung beschränkten sich, so will es heute scheinen, auf die Erfüllung sehr groß-

Historie

1966
Präsentation des 911 S als Porsche-Topmodell. Überschrift einer S-Story im Nachrichtenmagazin *Der Spiegel:* »Jjjumm«.

1968
im August erhält der 911 S-Motor eine mechanische Benzineinspritzung und leistet jetzt 170 PS, zudem wird der Radstand aller 911 um 57 Millimeter verlängert.

1969
2,2 Liter Hubraum für alle 911, der S bringt es auf 180 PS.

1971
Neue Hubraum-Aufstockung: 2,4 Liter, 190 PS für den S.

1972
Porsches neues Flaggschiff heißt Carrera RS und leistet 210 PS, das S-Modell lebt bis 1975 weiter.

▶ **Die Nebelleuchten unter der Stoßstange waren 911 S-Serienbeigaben.**

▶ **Brabbeln, Bellen, Fauchen – unverwechselbar waren die Lebensäußerungen dieses Motors (oben).**

▶ **Im Reich der Sinne: Ledersitze gab es nur gegen Mehrpreis (Mitte).**

zügiger gesetzlicher Anforderungen. Die Änderungen am luftgekühlten Boxer für den Kraftgewinn waren von klassischer Rezeptur und bemerkenswert umfangreich. Die sechs schwimmerlosen Solex-Vergaser (40 PI) wurden unter großem Beifall der Werkstätten von zwei Weber-Dreifachvergasern (40 IDS-3) vertrieben.

Statt gegossener Kolben gab es geschmiedete. Die Ventile wurden vergrößert und die Brennraumform dieser Änderung angepasst.

Neue Nockenwellen lieferten längere Öffnungszeiten. Und Auspuffkrümmer mit weiterem Querschnitt beschleunigten den Gaswechsel.

Die technische Beschreibung des neuen S-Motors war gleichzeitig eine bis heute gültige Frisieranleitung für die bereits existierenden 911. Denn viele von ihnen wurden im Lauf der Jahre und der Reparaturen zum mehr oder minder heimlichen S-Modell.

Umfangreiche Nacharbeiten gönnte Porsche damals auch dem Fahrwerk. Es gab erstmals die fünfsternigen Fuchsräder aus geschmiedetem Aluminium. Die Felgenbreite wuchs erst 1968 von 4,5 auf 5,0 Zoll, und bei den Reifen blieb Schmalhans Küchenmeister: 165 HR 15 lautete die magere Dimension.

Aber es gab nun rundum Koni-Dämpfer und innenbelüftete Scheibenbremsen. Zum vorderen Stabilisator kam ein hinterer, die Neigung des Heckmotorautos zum Übersteuern wurde damit konkreter.

Porsche-Entwicklungschef Helmuth Bott sagte seinerzeit ehrlich, was beim Elfer Sache ist: »Wer den weit überdurchschnittlich hohen Grenzbereich des 911 in der Kurve ausnutzen will, sollte in der Lage sein, mit diesem Auto korrekt umzugehen.«

▶ **Für damalige Begriffe genügend Gepäckraum.**

S geht: Der Über-Elfer war einmal Deutschlands schnellstes Serienauto.

Der korrekte Umgang mit so einem 911 nach 30 Jahren bringt uns zurück in eine Zeit, in der reinrassige Sportwagen noch das Maß der Dinge waren. Im alten Cockpit, wo das Instrumenten-Quintett noch doppelte Chromringe trägt, herrscht eine schöne sparsame Leere: keine Konsole, keine aufdringlichen Lautsprecher-Ensembles, ein schlichtes Radio statt Ghettoblaster, ein unscheinbarer Warmlufthebel am Boden statt der Schalttafel eines Heizkraftwerks.

Der Zündschlüssel links außen weckt im Heck ein wildes Tier. Schon im Leerlauf bellt der Boxer einen lauten Viertakt. Den ermunternden Tritt aufs Gaspedal beantwortet der Motor kurzhubig und kleinkolbig mit spontanem, explosivem Hochdrehen.

Die Daten unterstreichen, was da los ist: 160 PS bei 6600 Touren, Höchstdrehzahl – schon mit Begrenzer – 7200/min. Das Drehmoment von 179 Newtonmeter – 18,2 mkg sagte man seinerzeit – lässt sich erst mit 5200/min herbeijubeln.

Das alles gibt der Motorcharakteristik den exquisiten Hauch von Nürburgring. Akustisch verschmelzen hier im alten Elfer Gaswechsel und Arbeitstakte über ein breites Drehzahlband hinweg zu einem symphonischen Inferno. Nach heutigem Musikgeschmack ist dies der ideale Sound auf einsamen, kurvenreichen Straßen. Und ehrfürchtig sollten wir jener gedenken, die vor 35 Jahren das Techno-Gehämmer auf langen und geschäftlichen Autobahnreisen ertragen haben.

Vor 35 Jahren hatte ein Porsche 911 S das uneingeschränkte Patent für große Fahrt und lange Reisen. Mit 225 km/h Spitze war er die schnellste Verbindung zwischen A und B an der Autobahn. Dass der S heute nur zum Mittelfeld der Schnellen zählt, stellt seine wahre Qualität auf keinen Fall in Frage.

▶ **Ihre Übersteuerneigung machte frühe 911 in Dilettantenhand zur Waffe.**

Denn längst haben wir seine echte Begabung entdeckt: die Vermittlung eines kompromisslosen Fahr-Erlebnisses auf dem kurvenreichen Asphalt stiller Bergstraßen. Aber dazu ist es wichtig, den frühen Elfer richtig zu verstehen, denn vieles ist auf eine herausfordernde Weise weniger selbstverständlich als in den jungen Elfern fünf Kulturrevolutionen später.

Die Schaltung mit dem ersten Gang hinten links erfordert anfangs Konzentration, bis man die Gerade zwischen zwei und drei als ein perfektes Bergstrecken-Menü entdeckt und die Gasse zwischen vier und fünf als die schnellste Verbindung zwischen zwei Gängen auf der Autobahn.

Die Neigung einer Porsche-Schaltung, in ihrem langen Zusammenspiel mit zuverlässiger Mechanik auszuschlagen, verleiht ihrem Benutzer die Fertigkeit eines gereiften Westernhelden, das Ziel blitzschnell und mit präzisem Gefühl aus der Hüfte zu treffen.

Die Zahnstangenlenkung ist eine weitere Erfahrung der besonderen Art. Frei von jeder hydraulischen Unterstützung ist sie zwar beim Rangieren etwas schwergängig, aber sobald der Porsche rollt, ist jede Anstrengung vorüber.

Der alte Elfer mit dem kurzen Radstand (2211 mm) lenkt willig bis gierig in die Kurven ein. Er fordert mit zunehmender Querbeschleunigung kräftig wachsende Haltekräfte am Lenkrad, die unmissverständlich nachlassen, wenn das Heck zu wischen anfängt.

Wir haben hier ein ehrliches altes Auto, das frei und offen nur die Wahrheit spricht. Also gibt es auch sonst keine Beschönigungen, der Straßenzustand wird korrekt und ohne Unterlass im Lenkrad mitgeteilt. Da weiß man einfach, was man hat, fühlt das Profil der Straße, glaubt deren Griffigkeit zu spüren.

Direkt und ehrlich, wie sie nun mal ist, lässt diese Lenkung keinen Zweifel daran, dass der Geradeauslauf eines kurzen Elfers jenseits von 180 Sachen etwas vage ist, aber der lockeren Lenkhand lieber folgt als zwei zwingenden Fäusten. Auch erinnert uns ein solcher Porsche daran, dass nicht die Seitenwinde heute schwächer sind, sondern die meisten Autos sehr viel windstabiler.

Die Porsche 911 der Gründerjahre genießen einen fürchterlichen Ruf als gnadenlose Querathleten. Eine Begegnung in der Gegenwart mit einem dieser driftigen Alten ist nicht gleich in der ersten Kurve quer und abenteuerlich. Der technische Fortschritt nimmt einfach keine Rücksicht auf den Denkmalschutz des reinen Übersteuerns.

Daten & Fakten Porsche 911 S

Motor

Sechszylinder-Boxermotor im Heck, zwei obenliegende Nockenwellen, angetrieben durch Kette, Bohrung x Hub 80 x 66 mm, Hubraum 1991 cm³, Verdichtungsverhältnis 9,8:1, Leistung 160 PS bei 6600/min, max. Drehmoment 18,2 mkg (179 Nm) bei 5200/min, Gemischaufbereitung durch zwei Dreifach-Fallstromvergaser Weber 40 IDS; ab August 1968: Vordichtungsverhältnis 9,9:1, Leistung 170 PS bei 6800/min, max. Drehmoment 18,5 mkg (182 Nm) bei 5500/min, Bosch-Saugrohreinspritzung mit Sechsstempel-Pumpe; ab August 1969: Bohrung x Hub 84 x 66 mm, Hubraum 2195 cm³, Verdichtungsverhältnis 9,8:1, Leistung 180 PS bei 6500/min, max. Drehmoment 20,3 mkg (199 Nm) bei 5200/min; ab August 1971: Bohrung x Hub 84 x 70,4 mm, Hubraum 2341 cm³, Vordichtungsverhältnis 8,5:1, Leistung 190 PS bei 6500/min, max. Drehmoment 22 mkg (216 Nm) bei 5200/min; ab August 1973: Bohrung x Hub 90 x 70,4 mm, Hubraum 2687 cm³, Verdichtungsverhältnis 8,5:1, Leistung 175 PS bei 5800/min, max. Drehmoment 24 mkg (235 Nm) bei 4000/min, elektronische Bosch-Kraftstoffeinspritzung (K-Jetronic)

Kraftübertragung

Hinterradantrieb, Einscheiben-Trockenkupplung, Fünfganggetriebe, Übersetzungen (erste Serie bis August 1968): I. 3,091, II. 11889, III. 1,318, IV. 1,040, V. 0,857, Achse 4,428, auf Wunsch zwischen August 1967 und August 1968 mit halbautomatischem Sportomatic-Vierganggetriebe

Karosserie/Fahrwerk

Selbsttragende Karosserie, vorn Einzelradaufhängung an Querlenkern und Dämpferbeinen, Längs-Federstäbe, hinten Einzelradaufhängung an Schräglenkern, Querfederstäbe, Stabilisator, vorn und hinten Gasdruckstoßdämpfer, Zahnstangenlenkung, vorn und hinten Scheibenbremsen, Reifen 165 HR 15, Felgen 4 1/2 J x 15 (Fuchs-Aluminiumfelgen); ab August 1968 Reifen 185/70VR 15, Felgen 6 J x 15

Maße/Gewicht

Radstand/Länge 2211 mm/4163 mm, Breite/Höhe 1610/1320 mm, Leergewicht 1085 kg, mit Sportomatic-Getriebe 1100 kg; ab August 1968: 2268 mm Radstand, Leergewicht 1100 kg; ab August 1971: Radstand/Länge 2271/4147 mm, Leergewicht 1110 kg; ab August 1973: 4291 mm Länge

Fahrleistungen

Beschleunigung 0-100 km/h 7,6 s (Sportomatic: 9 s), Höchstgeschwindigkeit 225 km/h (Sportomatic 220 km/h); ab August 1971: Beschleunigung 0-100 km/h 7,5 s, Höchstgeschwindigkeit 230 km/h; ab August 1973: Beschleunigung 0-100 km/h 8 s, Höchstgeschw. 225 km/h

Bauzeit

1966 bis 1975

Stückzahl

5056 (Modellreihe mit 2,0 Liter-Motor und 160/170 PS)

Clubs

Eine Übersicht aller Clubs ist bei Porsche, Abteilung Clubbetreuung, Porschestraße 1, 74321 Bietigheim-Bissingen, erhältlich.

H-Reifen im alten Regenwurm-Kaliber 165 sind praktisch nicht mehr zu bekommen. Also geht die Tendenz zu den Querschnitten späterer Modelle mit den Maßen 185/70 oder 195/60 R 15. Da aber zwangsläufig auch die Gummimischung mit dem Grip von heute zupackt, sind Querbeschleunigung und der Bereich des recht neutralen Wohlverhaltens mit der Zeit ein gutes Stück heraufgegangen.

Darum bleibt auch so ein 35 Jahre alter Elfer seinen romantischen Revieren jenseits der Autobahn ein forscher Teilnehmer am Verkehr, der von anderen nicht die Höflichkeit vor dem Alter, sondern gehörigen Respekt verlangt. Mit einer Beschleunigung von null auf 100 in 7,0 Sekunden sprintet der 30jährige bei guter Kondition so temperamentvoll wie ein nagelneuer Mercedes SLK Kompressor oder ein Jaguar XK8. Auch bei der negativen Beschleunigung vermittels der vier Scheibenbremsen ist ein 911 S von 1966 so fit wie die guten Autos unserer Tage.

Seinerzeit bremste ihn *auto motor und sport* auf den schmalen Dunlop SP-Textilgürtelreifen mit einer Verzögerung dicht beim theoretischen Limit von 9,81 m/s2, und daran änderte sich auch bei heißer Bremse nicht sehr viel. Nur ein Pedaldruck von rund 50 Kilogramm wurde nötig.

Und viel vom Fortschritt der letzten 35 Jahre liegt darin, dass manche Dinge einfach leichter wurden, der Bremspedaldruck beispielsweise, die Lenkkräfte auch und die Belastung durch das Getöse des Boxers im Heck, der 1966 bei 200 km/h mit 89 Dezibel die Ohren malträtierte.

Nur eins ist dabei leider schwerer geworden: der 911 selbst. Wog 1966 ein 911 S, so wie ihn *auto motor und sport* testete, 1090 Kilogramm, so hat ein Porsche 911 Carrera Baujahr 2001 vier Zentner Speck angesetzt. Zur Beschleunigung von 1320 kg werden 3,4 Liter Hubraum und 300 PS benötigt.

Die dramatischste Zunahme aber erlebte der Preis. Von den 24480 Mark des 911 S ging es in 35 Jahren auf 140940 Mark eines aktuellen Carrera.

Text: Clauspeter Becker
Fotos: H. D. Seufert

Der alte Trend-Farbton Blutorange ist heute wieder hochaktuell.

PORSCHE
WW-AA 911

1980

Audi Quattro

Quattro forte

▶ *Der Urquattro hat das Audi-Image neu definiert und wurde im Rallye-Sport zum Mythos. Dann geriet er in Vergessenheit. Jetzt, 20 Jahre später, beginnt seine zweite Karriere als Liebhaberauto.*

▶ **Kraftpaket.** Der bullige Bayer ist so kräftig, wie es seine mächtigen Backen vermuten lassen. Sein aufgeladener Fünfzylinder-Motor leistet 200 PS.

Es ist wie die Begegnung mit einem alten Freund nach vielen Jahren. Etwas seltsam Vertrautes stellt sich ein, als ich den lhasagrünen Audi Quattro auf einem Feldweg am Rand einer Waldlichtung stehen sehe. Die Abendsonne bringt den Metallic-Lack zum Glühen. Wir haben ein Rendezvous, der Quattro und ich, zum Fahren und zum Fotografieren.

Beinahe hätte ich vergessen, dass es diese, einst hochgradig beachteten Autos noch gibt, denen man im Straßenverkehr verzückt nachschaute. Ja man hörte sie, bevor man sie sah, der unregelmäßige Zündabstand des Fünfzylinders verbunden mit einem wohlkomponierten Auspuffton erzeugt einen unerhört sonoren, kraftvollen Sound: Quattrophonie.

Heute sind die Quattro aus dem Alltag verschwunden, seit der Ruhm zusammen mit dem Lack verblasste und ihm aufgetakelte Audi GT-Coupés die Würde nahmen. Mag sein, dass unter diesen verflossenen Pseudo-Quattro auch ein paar echte waren, denen die Zeitläufte übel mitgespielt haben, trotz seiner Seltenheit, seines Meilensteincharakters und seines stets sehr selbstbewussten Neupreises. Ich darf den Quattro, ein frühes Modell von 1982 fahren, zum ersten Mal in meinem Leben, was mich mit einem gewissen Prickeln erfüllt. Der Eindruck ist überwältigend, er lehrt mich, dass es noch etwas anderes gibt als sanftes Dahingleiten.

Vor allem das tiefe Auspuffgrollen animiert immer wieder zu Zwischenspurts. Ich schalte gern und viel, habe an den wechselnden Tonlagen des Motors ebenso Freude wie am neutralen, agilen Eigenlenkverhalten und der direkten Servolenkung. Ich fühle mich angekommen, irgendwie geborgen, vielleicht weil meine erste große Auto-Liebe Audi hieß?

Kaum eine Neuheit mit Ausnahme des NSU Ro 80 genoss mehr Publicity, blitzschnell wurde das erste High-Performance-Serienauto mit permanentem Allradantrieb zum Mythos. Wie ein Kurzfilm laufen in meinem Gedächtnis Szenen zum einst berühmten Audi ab: Ich sehe die Testberichte vor mir, blättere imaginär in dem Prospekt, den ich damals als Trophäe hütete. Ich blende die Rallyeszenen, Anfang der achtziger Jahre ein, schlaglichthaft erscheint mir Michèle Mouton in San Remo 1982. Ich erinnere mich genau an den einzigen Audi Quattro in meiner Kleinstadt, der unscharf an mir vorüberzieht, portorosé-metallic und mit den markanten Fuchs-Fünfsternfelgen ausgerüstet, geschmiedet nach Art des Hauses versteht sich. Der Lhasagrüne vom Quattro-Kenner Hans Vierlbeck hat die Serienräder von Ronal, gegossen

Historie

▶ 1977
Start des Audi-Allrad-Projekts EA 262, Basis ist der VW Iltis.

▶ 1978
Bau von zwei Versuchsträgern A1 und A2 auf Audi 80-Basis.

▶ 1979
A3 als GT-Coupé.

▶ 1980
Quattro-Debüt auf dem Genfer Salon.

▶ 1982
Differenzialsperren-Betätigung über Unterdruck statt Seilzüge.

▶ 1983
Durchgehende Rechteck-Scheinwerfer, LCD-Instrumente.

▶ 1984
Acht-Zoll-Räder.

▶ 1985
Schräggestellte Frontpartie, ABS Serie.

▶ 1987
Selbstsperrendes Torsendifferenzial, 2226 cm³, Hydrostößel, wassergekühlter Turbolader.

▶ 1989
Zweite Generation des Urquattro mit 220 PS 20-V-Motor, G-Kat.

▶ 1991
Auslauf im Mai.

und eine Spur zu breit, um wirklich original zu sein, denn er ist Baujahr 1982. Eindrucksvoll wirkt der Urquattro gerade heute.
Wie ein schroffer, kantiger Fels ragt er im Straßenbild aus dem Meer aerodynamisch optimierter Rundungen hervor. Seine Linienführung symbolisiert maskuline Aggressivität aus allen Perspektiven: die imposante Front mit den markanten quadratischen Doppelscheinwerfen und einem Kuhfänger als Frontspoiler, die gestreckte Seitenansicht mit den betonten Kotflügelverbreiterungen und das hohe Heck mit dem wuchtigen Spoiler. Keine Frage, diese Linien suggerieren Kraft und Stärke, aber die Eleganz, normalerweise typisches Wesensmerkmal eines Sportcoupés kommt dabei zu kurz.

▶ Die imposante Front schafft einen agressiven Auftritt.

Hartmut Warkuß, seinerzeit Audi-Chefdesigner und für das Urquattro-Design verantwortlich, rechtfertigt die herbe Schönheit heute mit den Worten: »Es sollte kein Chi-Chi-Auto sein, es sollte nicht die Eleganz, sondern sein Können in den Vordergrund bringen. Die herausmodellierten Kotflügelverbreiterungen sollten optisch darstellen, dass da unten etwas passiert, nämlich Allrad permanent, Traktion und Fahrdynamik pur.«
Der Mythos Quattro entspringt nicht seinem Design aus dem Markenbaukasten. Vielmehr macht ihn seine Ent-

Instrumententafel vom Audi 80, Allradtastatur auf der Konsole.

Athlet mit Muskeln: markante Kotflügel-Verbreiterungen.

Grünes Monster: Der Quattro wirkt nicht nur von hinten böse.

wicklungsgeschichte zur Legende, machen es seine Fahreigenschaften und die spannende Widersprüchlichkeit seiner Konzeption. Denn zum Preis eines Luxus-Coupés erwartet man kein braunes Hartplastik. Allen-

falls die feine und üppige Velourspolsterung überzieht das funktionale und bisweilen gar improvisiert wirkende Ambiente mit einem Hauch Gediegenheit. Statt eines richtigen Schiebedachs gibt es nur gegen Aufpreis eine herausnehmbare Blechluke. Der VW-Audi-Baukasten schimmert allenthalben durch, gnadenlos endkalkuliert bis zum blechernen Ventildeckel des Fünfzylinders. Wir stecken alles Geld in die Technik und nichts in die

▶ **Vierrad-Waffe Nr. 2: der kurze 20 V-Sport-Quattro von 1984.**

Ausstattung, so könnte eine Eintragung ins Lastenheft der Quattro-Projektleiter Jörg Bensinger und Walter Treser gelautet haben. Es war Bensingers Idee, Leiter des Audi-Fahrwerkversuchs, ein Auto zu entwickeln, das den effektiven Iltis-Allradantrieb mit überlegener Motorleistung verbindet – ein Gran Turismo nach Alfetta GT-Vorbild. Als Nebeneffekt sollte dieses EA 262-Projekt das Audi-Image von den Fesseln der Biederkeit befreien, die Grenzen des Audi 200 überwinden und den Slogan »Vorspung durch Technik« innovativ untermauern.

Das gefiel Audi-Technikvorstand Ferdinand Piëch, der grünes Licht gab und einen bescheidenen Etat, weshalb man Parallelentwicklungen wie den Turbomotor des künftigen Audi 200, die Karosserie und das Interieur des

Das 20 V-Cockpit: optisch ähnlich, im Detail verfeinert.

geplanten Audi GT-Coupés nutzen und den genial-einfachen Iltis-Allradantrieb mit Hilfe eines Mitteldifferenzials samt sophistischer Hohlwelle zähmen musste. In drei Jahren war der Quattro serienreif, die Presse reagierte euphorisch. Warum, durfte ich selbst erleben.

Text: Alf Cremers
Fotos: Stefan Wolf

Daten & Fakten Audi Quattro

Motor
Fünfzylinder-Reihenmotor, längs eingebaut, eine oben liegende Nockenwelle Abgas-Turbolader KKK 26 mit Ladeluftkühlung, Ölkühler, Bosch-K-Jetronic, Hubraum 2144 cm^3, Bohrung x Hub 79,5 x 86,5 mm, Leistung 200 PS bei 5500/min. Drehmoment 28,5 mkg bei 3500/min

Kraftübertragung
Permanenter Allradantrieb, Mittel- und Hinterachsdifferenzial manuell sperrbar, Fünfganggetriebe

Karosserie/Fahrwerk
Selbsttragende Ganzstahlkarosserie, vorn und hinten Einzelradaufhängung an McPherson-Federbeinen, Schraubenfedern und Querlenkern, Querstabilisatoren. Vierrad-Scheibenbremsen, vorn belüftet, ZF-Servolenkung über Zahnstange, Räder 6 oder 7 J T 15, Reifen 205/60 VR 15

Maße/Gewichte
Länge/Breite/Höhe 4404 x 1723 x 1344 mm, Radstand 2524 mm, Spur 1418/1451 mm, 1335 kg

Fahrleistungen/Verbrauch
Beschleunigung 0–100 km/h 7,2 s, Höchstgeschwindigkeit 222 km/h, Verbrauch 12-16 Liter Super

Club
1. Urquattro-Club
http://www.urquattro-club.de

Elf Jahre Evolution, letzter Quattro 1991.

1983

Porsche 911 Carrera

Ohne Filter

▶ *Alle Orakel hatten ihn längst abgeschrieben. Doch dann setzte der tot geglaubte Elfer 1983 zu neuen Höhenflügen an. Sein attraktiver Preis macht ihn heute noch begehrenswerter.*

▶ **Weißer Riese:** Der zwischen 1983 und 1989 gebaute Porsche Carrera mit 3,2 Liter-Motor gilt als der letzte klassische Elfer.

Zugegeben. Es gab andere, die waren sicherer. Die hatten 1983 längst ein Lenkrad, das sich aufblies, wenn es krachte und Bremsen, die stotterten wie ein Pennäler beim Aufsagen lateinischer Vokabeln.

Der Grand-Prix-weiße Carrera dagegen kennt keinen Airbag. Er besitzt kein ABS, keine Antriebsschlupfregelung und verzichtet auf jegliche elektronische Traktionskontrolle. Die Sensoren und Aktoren sitzen in persona hinter dem Steuer: Alle Macht geht bei ihm noch vom Fahrer aus. Und nicht von Mikroprozessoren.

Ein kurzer Dreh am Zündschlüssel genügt. Im Heck beginnt es zu grummeln. Satt, stark und gar nicht böse. Im Gegenteil: Ganz zahm gibt er sich beim Losfahren in der Stadt. In das ständige Stop-and-go reiht er sich ein, völlig unspektakulär. Porsche-Novizen, die bei jedem Elfer ein unablässig schleuderndes Heck erwarten, beginnen schon zu gähnen.

Sollen sie Gas geben! Aber erst, wenn 13 Liter feinstes Motoröl wohl temperiert sind. Dann spüren sie, was passiert, wenn die Nadel des Drehzahlmessers senkrecht nach oben zeigt, die Vier überstreicht und stetig weiter steigt.

Nein. Der Carrera hat keinen Turbo. Aber er entfesselt sich, als hätte er die ganze Bürde des Stadtverkehrs von sich geschüttelt, voller Hoffnung auf freien Auslauf. Er kreischt nicht. Er brüllt vor Freude.

Und lockt mit einer besonderen Spezialität. Kurven zirkelt der Elfer-Pilot nicht nur mit dem Lenkrad aus. Er kann auch mit der Hinterachse steuern – sofern er seinen rechten Fuß ausreichend unter Kontrolle hat.

Piloten wilder, früher 911-Generationen belächeln den Carrera ab und an. Sie verleumden ihn als wohl erzogenen Softie und spotten, er habe das Rebellische seiner Jugend verraten, seine bissige Renitenz gegen etablierte Automobiltechnik endgültig aufgegeben. Dabei hat bei ihm eine Evolution in Zeitlupe den alten Geist gerettet, den andere längst über Bord geworfen hatten. Er ist reifer geworden, verzichtet auf bösartige Tücke. Was bleibt, ist Fahrspaß pur.

Dabei ist die alte Schule noch deutlich zu spüren. Die Wurzeln des Carrera führen in direkter Linie auf den Haken schlagenden frühen 356 zurück. Doch Porsche hat es verstanden, seinen Heckmotor-Sportler über die Jahre auf gute Manieren zu trimmen. Helmuth Bott, Entwicklungsvorstand und 911-Förderer, übernahm zusammen mit Renn-Chef Peter Falk erfolgreich die Erziehung: Selbst auf rasche Lastwechsel reagiert der Sportwagen im Alter distinguierter, ohne seinen Charakter leugnen zu können – und zu wollen.

Historie

1983

Präsentation des 911 Carrera als Coupé, Targa und Cabriolet. Das Coupé gibt es auch im Turbo-Look.

1984

Erstmals gibt es den 911 in Deutschland mit geregeltem Katalysator. Der Motor leistet dann nur 207 PS. Zum Coupé werden auch Targa und Cabriolet im Turbo-Look offeriert.

1985

Porsche übernimmt zehn Jahre Garantie gegen Durchrosten. Und drei Jahre Gewähr auf den Lack sowie zwei Jahre auf das übrige Fahrzeug ohne Kilometerbegrenzung.

1986

Der 911 Carrera erhält eine hydraulisch betätigte Kupplung und ein neues Fünfganggetriebe, das sich leichter schalten lässt.

1987

Mit Werks-Kat leistet der Motor 217 PS.

1988

Den Carrera kommt auch als Speedster.

1989

Im Juli endet die Produktion. Es folgt der Carrera 4.

▶ **»Faltenbalg« nennen Porsche-Experten den 911 von 1983.**

Es geht ganz einfach. Bleibt der Fuß auf dem Gas, läuft der Carrera wie auf einer Schiene durch die Kurven, krallt sich in den Asphalt und treibt ein wenig nach außen, so sanft untersteuernd, dass ein leichtes Gegenhalten am Lenkrad reicht.
Hebt der Fahrer in einer Kurve dagegen den Fuß, wird plötzlich das Heck agil: Es will nach außen. Mit Nachdruck drückt es den Carrera in die Kurve. Doch erst Exzesse führen in den Grenzbereich, der jenseits dessen beginnt, was auf frei befahrbaren Straßen zuträglich ist.
Langweilig ist der 911 in seiner gereiften Evolutionsstufe deswegen keineswegs. »Nach wie vor wird schnelles Fahren im Carrera zur kampf-sportähnlichen Betätigung«, notierte Wolfgang König damals in *auto motor und sport* nach seiner Testfahrt: »Pedalerie und Lenkung verlangen energisches Zupacken, und die Fahreigenschaften des Porsche-Oldies umfassen das gesamte Repertoire des bei Autos üblichen Eigenlenkverhaltens – von kräftigem Untersteuern bis zum effektvollen Auspendeln der Hinterhand.« Neutral wäre langweilig.

So spürte der leuchtend weiße Carrera, der im August 1989 als letztes Exemplar seiner Serie durch die Zuffenhausener Werkstore gerollt war, bereits nicht mehr den Puls seiner Zeit. Durch ihn wehte immer noch ein Hauch von Käfer, seinem Urahn, von dem er sich über vier Jahrzehnte in kleinen Schritten emanzipiert hatte. Dem Carrera wuchsen die Pedale noch aus dem Bodenblech wie 1949 – für die Füße war es damals schon längst ungewohnt. Der Schalthebel schien noch direkt aus dem Käfer geschraubt, als kurze Joysticks in der Mittelklasse bereits up to date waren.
Schon seit Jahren hatte die Ampel für den luftgekühlten Boxer auf Gelb gestanden, als sich Porsche Anfang der Achtziger doch für ein 911-Revival entschied. Ernst Fuhrmann, der Porsche-Boss der Siebziger, hatte mit eiserner Hand an der Ablösung des Klassikers gearbeitet.

Die typischen Stoßfänger gingen mit dem Carrera in ihre letzte Runde.

Das Fuchs-Rad ist ein Klassiker, seit 1967 erhältlich.

Der Lenker der Sportwagenmanufaktur kritisierte das Konzept mit Heckmotor und luftgekühltem Boxer als zu antiquiert, um fit für die Zukunft zu sein. Fuhrmann ernannte den 928 als designierten Erben des Elfers, und nicht nur *auto motor und sport* hatte 1979 über das nahe Ende des klassischen Porsche orakelt. Nachdem Fuhrmann 1980 seinen Sessel räumen musste, stiegen die 911-Aktien sofort wieder. Peter W. Schutz, sein Nachfolger, verehrte den Luftgekühlten. Und erkannte, dass es für die treue Porsche-Klientel keine Alternative gab. Den bauchigen 928 lehnte sie kategorisch als Nachfolger ab.

So zündete Schutz 1983 beim 911 eine weitere Stufe. Der SC war passé – mit dem klangvollen Name Carrera erinnerte Porsche wieder an seine legendären Erfolge beim mexikanischen Straßenrennen Carrera Panamericana. Wenige optische Retuschen mussten reichen, und so sah das Achtziger-Jahre-Layout des 911 dem bereits 1973 vorgestellten Faltenbalg-Modell zum Verwechseln ähnlich. »Die Legende ist lebendiger denn je«, schrieb Porsche über seine Anzeigen.

Unter dem Blech jedoch hatte sich einiges getan. Eine langhubige Kurbelwelle, die im Prinzip aus dem Turbo

stammte, sorgte für einen Zuwachs an Hubraum von drei auf 3,2 Liter, gleichzeitig erhöhte sich die Verdichtung von 9,8:1 auf 10,3:1. Der Boxer lieferte nach dieser Kur 231 PS bei 5900/min an die nahe liegenden Hinterräder. Jetzt konnte der Sportwagen mit bis zu 250 km/h über deutsche Autobahnen eilen, obwohl das eigentlich gar nicht das Ziel war, wie Paul Hensler 1983 zugab: »Wir wollten eigentlich nur den Verbrauch um rund zehn Prozent senken«, erklärte der Chef-Motorenplaner damals, »und dabei ist uns die Leistung um etwa den gleichen Betrag hochgerutscht.«

▶ **Freiheit, die ich meine: Der 911 Carrera zählte zu den begehrten Lifestyle-Accessoires.**

Eine Entschuldigung mit Augenzwinkern. Der Drittel-Mix nach DIN, so veröffentlichte Porsche stolz, sei von 10,4 auf ganze 9,8 Liter gesunken. »Bei nicht gerade zurückhaltender Fahrweise wurden im Testbetrieb durchschnittlich 13,6 Liter pro 100 km verbraucht«, lobte auch Tester Gert Hack. Der Wert beeindruckt noch heute. Ihn verantwortet die damals neueste Generation

der Bosch Motronic, die all die Zustände optimiert, die im Motor mit Strom und Sprit zusammenhängen.
Das tat Porsche gut. Denn zur Präsentation des Carrera hatte die Umweltdiskussion einen neuen Gipfel erklommen: Bilder kahler Mittelgebirgskuppen geisterten durch die Presse, und unter dem Begriff Waldsterben kulminierten die Zukunftssorgen. Das Verbrechen an der Natur schien rasch geklärt: Auf der Anklagebank fand sich das Automobil.
Porsche verteidigte sich mit Taten. Die Erfahrungen auf dem amerikanischen Exportmarkt, in den zur Mitte dieser Jahre weit über die Hälfte der Produktion floss, beschleunigten die Einführung des »Katalysator-Konzepts«. Die Leistung war auf 207 PS reduziert, weil die Tankstellen unverbleites Benzin mit den notwendigen 98 Oktan noch nicht flächendeckend anboten. Besonders beliebt war diese Variante nicht: Nur jeder dritte Käufer orderte die umweltfreundliche, aber 2000 Mark teure Alternative.
Mit dem Carrera eliminierte Porsche auch die anfälligen Kettenspanner, deren Ausfall 911-Piloten seit jeher teure Motorschäden beschert hatten. Das neue Aggregat versorgte die Kettenspanner mit Öldruck aus dem Hauptölkreis; eine Lösung, die durch ihre Zuverlässigkeit einen der wenigen Schwachpunkte des Boxers beseitigte.
Aus der Distanz der Jahre zeigt sich heute deutlich, wie handgestrickt der Carrera war. Jedes Detail berichtet darüber: Neue Schalter hatten die Konstrukteure zwischen und unter den Instrumenten verteilt – eben dort, wo sich noch ein Platz fand. Den einen hoch, den anderen quer: Es war nebensächlich.

Zwei Plätze, die niemanden zu Verrenkungen zwingen wollen, nur weil sie in einem Sportwagen montiert sind. Die Langstrecke wird nicht zur Qual.

Das Finish litt unter solchen Skurrilitäten nicht, im Gegenteil. Schwäbische Handwerker zählen seit jeher Qualität zur Grundfeste ihrer Berufsehre. Nur rentabel war es nicht: »Das ist mehr eine Künstlerwerkstatt als eine Autofabrik«, gab Porsche-Chef Schutz offen zu. In der Sportwagen-Manufaktur hatte es 1987 erheblich gebebt, nachdem der Dollar in den Keller gesackt war – Ford, Fiat und Daimler-Benz galten bereits als potenzielle Übernahmekandidaten des kleinsten deutschen Autoherstellers. Daraus wurde nichts, und selbst der totgeglaubte Elfer überlebte die Krise. Dabei mutierte er allerdings zu einem Industrieprodukt, designt auf Tradition und vermarktet als Lifestyle-Objekt. Die Nonchalance der alten Hallen fehlt längst: Seit 1989 laufen alle Elfer in einem hoch automatisierten, milliardenteuren Karosseriewerk vom Band.

So ist aus dem Grand-Prix-weißen Carrera längst ein Zeitmesser geworden, der von Porsches Geschichte berichtet. Er vereint das Unvereinbare, mixt Tugend und Lust zu einem Cocktail mit Suchtgefahr. Der Carrera ist der letzte Porsche ohne Filter. Er zählt zum kleinen Kreis der Schnellen, die großen Spaß versprechen, ohne Kopfschmerzen zu bereiten: Er hat Bremsen im Weltklasseformat und sogar ausreichend Platz für das Verreisen zu zweit – mit Skiern auf dem Heck und viel Spaß mit einer enormen Traktion selbst auf Schnee. Vollverzinkt!

Der Carrera ist kein Spieler. Er fordert seinen Fahrer. Mit ihm auf Tour zu sein ist wie abends mit dem Hund übers Feld toben. Nach Hause kommen. Und glücklich sein.

▶ Luftgekühlter Freudenspender: Boxer mit 3,2 Liter Hubraum.

Text: Thomas Wirth
Fotos: Reinhard Schmid

Daten & Fakten Porsche 911 Carrera

▶ Motor
Luftgekühlter Sechszylinder-Boxermotor, Hubraum 3164 cm³, Bohrung x Hub 95,0 x 74,4 mm, Leistung 231 PS bei 5900/min, mit geregeltem Katalysator (Mehrausstattung) 207 PS bei 5900/min (ab 8/1986: 217 PS bei 5900/min), zwei oben liegende Nockenwellen, Bosch Motronic

▶ Kraftübertragung
Heckantrieb, voll synchronisiertes Fünfganggetriebe, Einscheiben-Trockenkupplung, ab 8/1986 hydraulisch betätigt

▶ Karosserie/Fahrwerk
Selbsttragende Karosserie, Einzelradaufhängung mit Gasdruckdämpfern und Drehstabfederung vorn und hinten, vorn an Querlenkern und Dämpferbeinen, hinten an Schräglenkern; vier Scheibenbremsen, Reifen (Serie) vorn 185/70 VR 15 (ab 8/1986: 196/65 VR 15; ab 8/1988: 205/55 VR 16), hinten 215/60 VR 15 (ab 8/1988: 255/50 VR 16)

▶ Maße/Gewicht
Radstand/Länge 2272/4291 mm, Breite/Höhe 1652/1320; Leergewicht 1200 kg, Zuladung 300 kg (ab 8/1986: 330 kg)

▶ Fahrleistungen/Verbrauch
Höchstgeschwindigkeit 235 bis 247 km/h; Testverbrauch 13,6 Liter Super/100 km (auto motor und sport, Heft 18/1983)

▶ Bauzeit/Stückzahl
1983 bis 1989 / 49 629 Exemplare

▶ Club
Eine Übersicht aller Clubs ist bei Porsche, Abteilung Clubbetreuung, Porschestraße 1, 74321 Bietigheim-Bissingen, erhältlich.

Ein schönes Heck, ohne Frage. Nur etwas leicht wurde ihm ab und an.

1955

Triumph TR 3

Wilde Sorte

▶ *Wer den kernigen Roadster englischer Prägung liebt, der kommt an den Triumph-TR-Modellen der fünfziger Jahre nicht vorbei. Denn erstens sind sie härter, lauter und offener als ihre Zeitgenossen. Und zweitens haben sie mehr Dampf.*

▶ Der TR 3 verkörperte noch die reine Lehre der Britenschule.

Schön ist er nicht gerade, mit seinen Glubschaugen und dem merkwürdigen Bürzel. Gut ist er auch nicht, das war er noch nie. Schnell war er einmal, doch die Zeiten haben sich geändert. Aber Spaß macht er, heute im reifen Alter von 40 Jahren vielleicht mehr denn je.

Kein anderer zeitgenössischer Roadster diesseits von Morgan bekennt sich so unverblümt zu den Tugenden und Untugenden britischer Sportwagen wie der Triumph TR der so genannten Steckscheiben-Ära. Das waren die Modelle TR 2, TR 3 und TR 3A, die waschechten, denn als 1961 der TR 4 mit Kurbelfenstern und dergleichen Komfortgimmicks mehr auf der Bildfläche erschien, war es mit der reinen Lehre der Britenschule vorbei.

Inzwischen, wo sich alles Roadster nennt, was zwei Sitze und ein Klappdach hat, ist das authentische Roadster-Feeling Geschichte, bezeichnend für das Seelenleben der Ritter des automobilen Mittelalters beim Kampf gegen die Gewalten der Natur und die Unzulänglichkeiten der Technik. Man kann es aber auch so sehen: Im Zeitalter des Extremsports und des Nervenkitzels ist ein früher TR im Grunde genommen schon wieder hochaktuell. Als motorisierte Alternative für Bungeespringer etwa, oder auch für Wildwasserfahrer, hätte Triumphing einen Platz unter den Trendsportarten verdient.

Das Problem ist, dass die entsprechenden Sportgeräte nicht nur rar, sondern logischerweise auch betagt und deshalb oft morsch sind. Außerdem wirken sie so modisch wie Uwe Seeler mit Stutzen, wenn auch exotischer. Gleichwohl zeigt die Erfahrung mit einem TR 3A, wie auf diesen Seiten vorgestellt und von Christoph Dorscheid in Friedrichstal zur Verfügung gestellt, dass sich dessen Ausstrahlung nicht auf den Liebreiz des Oldtimers beschränkt. Der alte Recke flößt Respekt ein. Vor allem akustisch.

Wer einen TR 3 nicht sieht, der hört ihn. Am besten funktioniert das bei exakt 2500 Touren, wo das markige Brummen des Triumph-Motors von Frequenzen überlagert wird, die Tote wecken und schon bei der ersten Auflage des TR, dem TR 2, für Furore sorgten. Nach Protesten aus dem bürgerlichen Lager sah sich Triumph gezwungen, für die kommende Serie (TR 3) Geräusch dämpfende Maßnahmen zu ergreifen – Zugeständnisse freilich, die sich mit dem wahlweise erhältlichen Sportauspuff problemlos negieren ließen.

Was die Form betrifft, so hält sich der TR konsequent an das Strickmuster der Sportwagen-Antike: so wenig Karosserie wie möglich, tief ausgeschnittene Türen, eine plane, auf das Minimum reduzierte Frontscheibe und sonst nichts, jedenfalls nichts, was für überflüssige Pfunde sorgen würde. Im Cockpit herrscht gemessen an

Historie

1952
Standard-Triumph zeigt die Roadster-Studie 20TS, später TR 1 genannt.

1953
Der TR 2 mit Zweilitermotor und 90 PS geht in Serie. Ab 1954 gibt es Hardtop und Overdrive. Bis 1955 werden 8628 Exemplare gebaut.

1955
Der TR 3 ersetzt den TR 2. Die Unterschiede beschränken sich weitgehend auf etwas mehr Leistung (95 PS) und Zierstäbe im Grill. Ab 1956 mit Scheibenbremsen. Bis 1957 werden 13377 Exemplare gebaut.

1957
TR 3A mit breitem Grill und zurückversetzten Scheinwerfern.

1959
Den TR 3A gibt es jetzt auch mit 2,2-Liter-Motor und 100 PS. 61 567 Exemplare.

1961
Ablösung durch den TR 4.

▶ **Schon auf den ersten Metern prägt der Motor den Fahreindruck – er stammte ursprünglich aus der Landwirtschaft.**

▶ **Hinter diesem Emblem verbarg sich einer der letzten waschechten Briten-Roadster.**

den bei Briten-Roadstern üblichen Gepflogenheiten erstaunlich viel Bewegungsfreiheit.
Zutritt verschafft man sich über winzige Türen. Wer noch kann, der kann ersatzweise die klassische, gesprungene Variante wählen, wozu der niederbordige TR geradezu einlädt. Drinnen dominiert jene spartanische, aber hoch libidinöse Funktionalität, die Sportwagen der fünfziger Jahre, und hier besonders die englischen, so an sich haben. Zugschalter, Kontrollleuchten und Zusatzinstrumente gruppieren sich auf einem trapezförmigen Tableau in der Mitte. Ansonsten beherrscht das riesige

▶ **Zugschalter, Kontrollleuchten und Zusatzinstrumente gruppieren sich auf einem trapezförmigen Tableau.**

Drahtspeichenlenkrad die Kanzel, dessen fingerdünner Bakelitkranz nach Opas gelochten Fahrerhandschuhen schreit.

Gestartet wird per Knopfdruck, der Schalthebel findet sich unter dem Armaturenbrett. Wie bei den Engländern gewohnt, rasten die Gänge eher widerwillig, aber präzise und auf kürzestem Weg ein, wobei der erste ohne Synchronisation auskommen muss, aber in der Regel nur zum Anfahren benötigt wird.

Den Rest erledigen zur vollen Zufriedenheit die Gänge zwei bis vier plus reichlich Drehmoment, doch erst mit dem Overdrive kommt beim Schalten auch Freude auf. Elektrisch per Hebel auf die oberen drei Gänge zuschaltbar, erhöht sich damit die Zahl der Übersetzungen auf sieben, und bei etwas Übung lassen sich in Verbindung mit dem melodiösen Auspuff gar muntere Weisen anstimmen, selbst wenn der strengere Sinn dieser Vorrichtung in der Drehzahlreduzierung bei schneller Fahrt zu suchen ist.

Der Novize fühlt sich schnell zu Hause im TR, und schon auf den ersten Metern prägt der Motor den Fahreindruck. Die Maschine stammt ursprünglich aus der Landwirtschaft, wo sie den Ferguson-Traktor befeuerte. Das prägt. Bei Drehzahlen über 5000 Umdrehungen wirkt sie gestresst, aber unten herum ist sie stark, ein Zugpferd eben und im Temperament mehr Kulmbacher als Araber.

Auf die nassen, das heißt von Kühlwasser umspülten Zylinderlaufbüchsen des simpel konstruierten Vierzylindermotors verteilen sich zwei Liter Hubraum, aus denen Standard-Triumph, seinerzeit noch ein unabhängiges Unternehmen, beim TR 3A mit zwei SU-Vergasern 95 PS zauberte. 1957, als das Modell herauskam, grenzte das schon an eine Sensation.

Während die namhaften Sportwagenhersteller von Alfa über MG bis Porsche in dieser Klasse bestenfalls 90 PS zusammenkratzten, lockte Triumph, kurz zuvor in Sachen Sportwagen noch ein Nobody, ab 1959 sogar mit der magischen Zahl 100 – ein unerhörter Vorgang, zumal die Konkurrenz durchweg mehr Geld verlangte.

Außerdem brachte der TR wenig Gewicht auf die Waage, denn die 100 PS haben nur 1000 Kilogramm zu schleppen. Damit macht er heute noch eine gute Figur, während man vor 40 Jahren mit diesem Leistungsgewicht selbst hochkarätige Gegner in Grund und Boden fahren konnte, wie nicht zuletzt die Messungen von *auto motor und sport* bestätigten. Tempo 100 schafften die Tester in 12,5 Sekunden, und erst bei 166 km/h hatte es sich ausbeschleunigt, alles für 8990 Mark. Wer schneller sein wollte, der musste damals fast das Doppelte anlegen.

Die Überlegenheit des Triumph hatte allerdings ihre Grenzen. Den Vorsprung, den der TR-Fahrer auf der Geraden herausfahren konnte, drohte er im Kurvengeschlängel wieder zu verlieren – kein Wunder bei diesem

▶ **Steckscheiben genügten, auf »Komfortgimmicks« wie Kurbelfenster konnte man verzichten.**

▶ **Tief ausgeschnittene Türen und ein Minimum an Frontscheibe – Markenzeichen der Sportwagen-Antike.**

Fahrwerk, das bereits zu Lebzeiten des Roadsters ein Relikt aus der Steinzeit war. Um nennenswerte Querbeschleunigungen aufzubauen, braucht es Straßen mit der Oberflächengüte einer Resopalplatte, denn schon kleinste Unebenheiten lassen das Heck des TR zielstrebig in Richtung Botanik hopsen.

Für Abwechslung ist also gesorgt. Bei einem derart tief liegenden Grenzbereich gelingen eindrucksvolle Drifteinlagen problemlos im Slow-Motion-Tempo, wobei die schwergängige Lenkung und die Tatsache, dass die bodennahen Sitzkissen den Fliehkräften freien Lauf lassen, den fahrerischen Einsatz angemessen verschärfen. Selbst bei der Geradeausfahrt bleibt genügend zu tun. Ausgestattet mit der Richtungsstabilität eines Feldhasen, verlangt der Triumph alerte Reaktionen, um auf Kurs zu bleiben.

Weit mehr als die Nachfolger der sechziger Jahre bieten diese frühen TR-Modelle britisches Roadstertum in Reinkultur. Der wilde Ritt im zugigen Cockpit ist ihre Spezialität, und Liebhaber dieser Art der Fortbewegung bekommen das volle Programm. Die Federung ist hart, das Chassis weich, und der Kontakt zur Umwelt intim. Himmel und Hölle vermischen sich beim TR zu einem Fahrerlebnis, dessen Intensität auf Dauer nur robuste Naturen verkraften.

Für den höllischen Part ist ein Fahrwerk verantwortlich, das schon zur Geburtsstunde des TR auf der britischen Motorshow im Oktober 1952 von gestern war. Der Prototyp, noch mit der Bezeichnung 20TS, basierte auf dem flachen Rahmen des damals bereits 13-jährigen Kleinwagens Standard Nine, komplettiert von der Radaufhängung des Triumph Mayflower, beides Kreationen,

SB X 1958

Schon zu Lebzeiten des Roadsters war das Fahrwerk offenbar ein Relikt aus der Steinzeit.

die nicht gerade durch fahrdynamische Talente auffielen. Über dieses Gerüst stülpte sich eine rundliche Karosse mit freiliegendem Ersatzrad, die, so die einhellige Meinung der Presse, eher an ein Tretauto als an einen Sportwagen erinnerte.

Die harsche Kritik veranlasste Standard-Triumph denn auch, schleunigst einen renommierten Fachmann zu konsultieren. Ken Richardson erhielt den Auftrag, das Gröbste auszubügeln – im Rahmen des Möglichen mit erstaunlichem Erfolg: Das Chassis wurde versteift, die Karosserie verschlankt und der Motor verstärkt. Das Ergebnis, der TR 2, ging im August 1953 in Serie.

Dass ausgerechnet der TR zweieinhalb Jahre später als

TRIUMPH
SB-X 1958

TRIUMPH
SB-X 1958

▶ Schön ist er mit seinen Glubschaugen nicht unbedingt, gut war er noch nie, aber Spaß macht er noch heute!

▶ Von wegen »Liebreiz des Oldtimers«! Der alte Recke flößt Respekt ein. Vor allem akustisch.

Meilenstein der Technik in die Automobilgeschichte eingehen würde, konnte damals aber selbst Richardson nicht ahnen. Anfang 1956 kam das erste Serienauto mit Scheibenbremsen auf den Markt. Sein Name: Triumph TR 3.

Text: Wolfgang König
Fotos: Reinhard Schmid

▶ Im Cockpit herrscht im Vergleich zu anderen Briten-Roadstern erstaunlich viel Bewegungsfreiheit.

▶ Zwei SU-Vergaser zauberten aus den zwei Litern Hubraum des Vierzylinders stolze 95 PS.

Daten & Fakten Triumph TR 3

▶ Motor
Reihenvierzylinder, Bohrung x Hub 83 x 92 mm, Hubraum 1991 cm³, Verdichtung 8,5 : 1, Leistung 100 PS bei 5000/min, maximales Drehmoment 160 Nm bei 3000/min, dreifach gelagerte Kurbelwelle, unten liegende Nockenwelle mit Kettenantrieb, Ventile über Stoßstangen betätigt, zwei SU-Vergaser

▶ Kraftübertragung
Vierganggetriebe, Option: Overdrive

▶ Karosserie/Fahrwerk
Stahlkarosserie auf Kastenrahmen, vorn Einzelradaufhängung mit Doppelquerlenkern, Schraubenfedern, hinten Starrachse an Blattfedern, Reifen 5.50 – 15, vorn Scheiben-, hinten Trommelbremsen

▶ Maße/Gewicht
Radstand/Länge 2240/3840 mm, Breite/Höhe 1410/1270 mm, Leergewicht 1000 kg

▶ Fahrleistungen/Verbrauch
0 bis 100 km/h 12,5 s, Höchstgeschwindigkeit 166 km/h; 11,5 L/100 km

▶ Bauzeit/Stückzahl
1953 bis 1962; 74 944 Exemplare TR 3/3A

▶ Club
TR-Register Deutschland e. V., Amelinghausener Straße 6a, 21385 Oldendorf/Luhe

▶ **Nie wieder hat ein Auto so viel spontane Begeisterung ausgelöst wie der Jaguar XK E bei seiner Präsentation im Jahre 1961.**

1961

Jaguar XK E Serie I – 3.8 Litre

Raubkatze

▶ *Unter Kennern gilt der frühe, filigrane E-Type aus der ersten Serie als der wahre Klassiker. Er ist der Schönste von allen. Liebevoll und sorgfältig restauriert, löst dieses Auto auch heute noch immer genauso viel spontane Begeisterung aus wie bei seiner Vorstellung im Jahr 1961 auf dem Genfer Automobil-Salon.*

Zwischen die manierierten Nierentische stellt Jaguar mit dem XK von 1948 ein höchst entschlossenes Design. Die nette Linie der Sportwagen, die der Herr im Hause, Walter Lyons, noch eigenhändig aus dem Lehm der Midlands knetet, trifft mit ihrem Hauch von Retrodesign präzise den Geschmack der Zeit.

Der nette Sechszylinder, gezeichnet und in Gang gesetzt von Walter Hassan, ist mit zwei obenliegenden Nockenwellen eine technische Überzeugungstat, hinter der 3,4 Liter Hubraum und 160 PS stehen. Diese kraftvolle Konstruktion verleiht nicht nur den Serienprodukten Vorsprung. Die Rennsportwagen von Jaguar sind seinerzeit das Maß der Dinge. Und sie erreichen in sechs Jahren mehr als andere in 60, denn fünf Mal gewinnen sie die 24 Stunden von Le Mans zwischen 1951 und 1957 – zum Abschied in der Reihenfolge eins, zwei, drei, vier und sechs.

In der Marke Jaguar manifestiert sich Englands wirtschaftlicher Erfolg der Nachkriegszeit. Filmstars zeigen sich stolz mit ihrem MK 120, obwohl die Jaguar vom Preis her kaum die exklusiven Roadster der Reichen und der Schönen sind.

Eine der schönsten Rundungen im Automobilbau.

Historie

1961

Der Jaguar XK E 3.8 Litre wird auf dem Genfer Automobil-Salon vorgestellt und als Sensation gefeiert.

1962

Veränderte Bodengruppe ermöglicht weitere Sitzverstellung. Für den Roadster ist ein Hardtop lieferbar.

1964

Serie I mit Scheinwerfern ohne Plexi-Abdeckung, ab Dezember 4,2 Liter-Motor und Vollsynchron-Vierganggetriebe.

1968

Serie II Roadster und Coupé mit geänderter Karosserie mit stärker geneigter Windschutzscheibe, neues Modell Coupé 2+2 mit längerem Radstand und zwei Notsitzen zusätzlich, Motor weiterhin 4,2-Liter-Sechszylinder.

1971

Serie III, der Reihensechszylinder wird durch einen V12 ersetzt. Der Roadster erhält den langen Radstand des Coupé 2+2, die Produktion des kurzen Coupés wird eingestellt. Servolenkung ist serienmäßig, eine Dreigangautomatik gibt es auf Wunsch.

▶ **Bei seiner Vorstellung in der Schweiz setzte der Jaguar XK E neue Maßstäbe im Sportwagenbau.**

▶ **Um dieses Logo drehen sich die Gedanken nicht weniger Oldtimer-Fans.**

Rationell gebaut und aggressiv kalkuliert sind sie erschwinglich und genau das, was man seinerzeit als Welterfolg bezeichnet. Mit kühlem, klarem Kaufmannsblick betrachtet, braucht Jaguar nach den Bestsellern XK 120, XK 140 und XK 150 vor allem eines kaum: ein radikal neues Modell, das mit allen Traditionen bricht.

Aber ausgerechnet daran wird im Underground des Werks in Coventry besonders emsig gearbeitet, seit ein Dekret des Walter Lyons die Rennaktivitäten beendet hat. In der ehemaligen Rennabteilung, die nun als Prototypenbau firmiert, werkeln zehn Mann an der Zukunft. Die Leitung hat hier William Haynes, der seit den

▶ **In der ersten Serie des E-Type arbeitete im Getriebe noch einfache Technik.**

dreißiger Jahren am automobilen Aufschwung bei Jaguar beteiligt ist.

Die kühne Vision eines ganz anderen Autos setzt entschlossen Malcolm Sayer um, weil er das Erbe seiner Rennsportwagen in einer um Jahrzehnte jüngeren Serie weiterleben lassen will. Ein Generationen-Konflikt ist nun ganz unvermeidlich.

Mr. Lyons, den man bald Sir Walter nennen wird, hat als guter Sohn des Königreichs die Autos nach dem nationalen Grundsatz »England rules the waves« entworfen. Die britische Beherrschung der Wellen und der Weltmeere kommt in den wogenden Kotflügeln seiner Autos wunderschön zum Ausdruck. Seine Formensprache ist die Brandung.

P207 TPF

Der Fahrer eines E-Type sollte jedwede eventuell vorhandene Hektik ablegen.

Der junge Malcolm Sayer hat seine Prägung aus der neuen Welt der Luftfahrt. Sein Gefühl für Formen ist zuvor an den Flugzeugen von Bristol gereift. Sein Element ist die Luft und nicht das Wasser. Sein Dialekt der Formensprache heißt Aerodynamik. Die luftigen Linien der Rennsportwagen C-Type und D-Type sind der Beweis. Als drittes Beweisstück steht nun die Studie eines E-Type in jenem Schuppen, der den Prototypenbau der jungen Weltmarke beherbergt. Der Chef nimmt den Prototyp indigniert zur Kenntnis. Die Chronik stellt sachlich fest, der Wagen habe dem Grand Old Man nicht gefallen. Malcolm Sayer aber weiß nicht nur, wie man Rennen gewinnt, er beherrscht offensichtlich auch die Strategie, neue Automobile auf das Fließband zu argumentieren. Eine Menge Kollegen hat er dabei auf seiner Seite, von Bristol sind im Lauf der Zeit neun weitere zu Jaguar gekommen. Und reichlich ein Jahr nach dem letzten großen Sieg in Le Mans scheint eine Art von Gnadenerlass die Freigabe bewirkt zu haben.

▶ **Die Vorderachse zeigt einen für damalige Verhältnisse bemerkenswert vollendeten Stand der Technik.**

▶ **Hinter diesem zierlichen Jaguarkopf lauern 210 DIN-PS.**

Aber die Prognosen von 1958 sind vorsichtig bis pessimistisch: 500, und wenn es gut geht 1000, werden sich verkaufen lassen, glaubt das Management bei Jaguar. Entsprechend einfach und improvisiert fallen die Produktionsvorbereitungen einer noch fernen Kleinserie aus. Die Entwicklungsarbeit am Projekt einer sportlichen Limousine – Jaguar Mark I – hat eindeutig Vorfahrt. Der lange Marsch bis zur Präsentation auf dem Genfer Automobil-Salon am 16. März 1961 ist, wie ihn Philip Porter in seinem E-Type-Buch beschreibt, ein Abenteuertrip für Ingenieure. Aber der neue Jaguar XK E setzt bei den Sportwagen neue technische Maßstäbe.

Seine Form wird als Botschaft aus einer Zukunft missverstanden, die lange nicht so mutig sein wird. Doch immerhin hat Jaguar Schneid und Anlass genug, die Produktionszahlen deutlich nach oben zu korrigieren. Was damals keiner ahnt, ist heute unbedingt Gewissheit: So viel spontane Begeisterung wie der XK E hat nie wieder ein Auto ausgelöst. Die Techniker erstaunt der junge Sportwagen aus Coventry mit Partien voller Deli-

Überaus kultiviert arbeitet der Reihensechszylinder, der bis zu 353 Nm auf die Kurbelwelle wuchtet.

Eine einzige Versuchung: Das weit geöffnete Cockpit mit dem Blick auf die wunderschöne Motorhaube.

katesse. Die tragenden Strukturen des Sportwagens, der von vornherein als Roadster und Coupé konzipiert ist, wagen eine revolutionäre Verbindung von Elementen aus dem Rennsport und der bürgerlichen Serie.

Vorn zeigt der E-Type die Technik eines Rennautos: Ein Rahmen aus Rohren von rechtwinkligem Profil trägt die Vorderachse und den Motor. Mit reichlich dimensionierten Flanschen stützt sich dies Gerüst an der Spritzwand einer Fahrgastzelle ab, die nach den gültigen Gesetzen für selbsttragende Karosserien konstruiert ist. Für dieses Gehäuse wird schon bald der eindrucksvolle Begriff Monocoque übernommen, weil Monocoques in der Formel 1 in Mode kommen.

Doch auch in der Fahrwerkstechnik stecken jene mechanischen Vitamine, die auf den Rennstrecken für forsche Rundenzeiten dienlich waren. Die Vorderachse mit zwei geschmiedeten Dreieckslenkern rechts und links zeigt einen damals schon bemerkenswert vollendeten Stand der Technik. Und über die Notwendigkeit einer Servolenkung rümpften Sportwagenkonstrukteure vor 40 Jahren noch die Nase, nachdem sie eben erst den Durst nach Fortschritt mit vier Scheibenbremsen gestillt hatten.

Die Hinterachse ist revolutionär, weil sie als Einzelradaufhängung eine sturz- und spurtreue Raderhebung

Leichtfüßig, fast zierlich kommt der E-Type auf seinen für heutige Verhältnisse recht schmalen Reifen daher.

auf jeder Seite mittels zweier unterer Querlenker und – darin liegt das Wagnis – einer mit Führungsaufgaben betrauten Antriebswelle verwirklicht. So lassen sich zwar obere Querlenker sparen, aber die Fahrsicherheit hängt vom Lagerspiel der nachdrücklich belasteten Kreuzgelenke nämlicher Antriebswellen ab. Und denen hat man bei Jaguar nicht nur die Antriebs- und die Seitenkräfte aufgepackt, sondern gönnt ihnen auch noch in den Phasen der Verzögerung den herzhaften Biss der Dunlop-Scheibenbremsen, deren hinteres Paar innenliegend am Differential zu Hause ist.

Die Kraft der technisch anspruchsvollen und eleganten Sechszylindermaschine hatte schon beim Vorgänger XK 150 nicht ganz gereicht, die Vorgabe der Typbezeichnung, in der 150 für eine solche Anzahl an Meilen in der Stunde steht, hinlänglich zu erfüllen. Und auch während der Entwicklung des E-Type liegt dies Ziel (umgerechnet 241 km/h) ein gewisses Stück oberhalb der Realität.

Der Wunsch, mehr Leistung aus mehr Hubraum zu gewinnen, trifft angesichts der Basisdaten für die Maschine mit 3442 cm^3 auf die fundamentale Erkenntnis, dass 106 Millimeter Hub bereits jenseits der Grenzen des Wachstums liegen. So sucht man das Heil in der Erwei-

terung der Bohrung von 83 auf 86 mm, was zu dem fülligen Ergebnis von 3781 cm³ führt.
Daraus vermag Jaguar 1961 ein Potential zu schöpfen, das zwischen den Werten 265 SAE-PS oder 210 DIN-PS zu suchen ist. Das hat dann an den Tagen der technischen Fitness gereicht für satte 256 Sachen. Obwohl die Fahrer eines E-Type das noch nie so richtig wissen wollten. Der Schlüssel zum Charakter der Maschine steckt ohnehin im Drehmoment, das selbst nach heutigen Begriffen mit 353 Newtonmetern bei 4000 Touren für einen 3,8-Liter-Sechszylinder respektierlich ist. Denn kultiviert, wie es unter Motoren dieser Bauart Tradition ist, zieht und wuchtet das Muskelpaket des Jaguar mit bemerkenswerter Laufkultur.
Durch diese feine Kraftentfaltung wird das Raubtier zum besten Freund des Fahrers, weil die zurückhaltende Eleganz in der Gewaltanwendung das geschmeidige

▶ Die Speichenräder wurden vorn wie hinten mit Dunlop-Scheibenbremsen effektvoll verzögert.

▶ Wenn die Koffer das rechte Maß haben, ist der Kofferraum auch groß genug.

STA CS 112

Der E-Type erzieht seine Fahrer zu souveränen Kavalieren der Straße.

Schnellfahren fördert. Die absoluten Möglichkeiten eines Jaguar E-Type der ersten Serie wurden 1962 auf der Autostrada zwischen Rom und Ostia mit 256 km/h ein für alle Mal gemessen. Seither wird jede weitere ungestüme Suche nach der Topspeed so lange mit angestrengtem Getöse oder mehr bestraft, bis der Besitzer von der Hektik oder diesem Auto ablässt.

Eine weit schwerere Prüfung des rechten Glaubens des

Fahrers eines E-Type früher Jahre liegt in der absonderlichen Qualität eines Getriebes, das hinter seinem ehrenwerten Namen Moss viel Feineres vermuten lässt. Aber solange die Produktion der ersten Serie des E-Type läuft, steckt das voll primitiver Technik.

Der nette kleine Schalthebel kommandiert vier Gänge, drei obere, deren Synchronisation eine kurze Spanne zwischen schlecht und defekt durchlebt, während der erste Gang frei von jeglichem Weichmacher des Wechsels ist. Das führt unweigerlich zum Wichtigtun durch Zwischengaskrawall. Und ganz allein der Gentleman, der diese Botschaft richtig hört, kauft sich das Getrag-Getriebe eines jüngeren Jaguar und schweigt weise zu dem historischen Stilbruch, der den Genuss eines heimlichen fünften Ganges mit sich bringt.

Bei der weiteren Erziehung seines Fahrers zum perfekten Kavalier der Straße geht der E-Type mit einigen erstaunlichen Beispielen der technischen Entwicklung der Sportwagen voran. Hier malträtiert keine Blattfeder unsere Bandscheiben und keine Starrachse trommelt den Steiß. Die frühe Bescheidenheit und deren Trend zu schlanken Reifen hat 1961 die Frage nach der Servolenkung um zehn Jahre bis zum Zwölfzylinder vertagt.

Der E-Type aus der glorreichen Serie I bedarf noch nicht der autoritären Führung der Hydraulik, er folgt durch Kurven ohne viel Widerstand, solange man die Tiefe seines Untersteuerns oder die Kürze kostenloser Parklücken nicht ausloten will. Das Holzlenkrad fasst sich noch nach Generationen so an, wie es Fritz B. Busch 1962 in unserer Erinnerung verschraubt hat: »Wie ein Maimorgen am Lago Maggiore.«

Und welchen See wir auch durch die Windschutzscheibe eines E-Type tatsächlich betrachten, wir finden ihn und seine Landschaft zart in einen Hauch von Chrom gerahmt. Das haben wir verloren, seit Windschutzscheibenrahmen Überschläge und die Schließmuskulatur einer Verdeckautomatik wegstecken müssen.

Doch gegen solche Dekadenz des Fortschritts war selbst ein E-Type nicht immun. Die Hardliner unter seinen Freunden lassen nur die Serie I gelten. Nach deren strengen Maßstäben ist schon die Serie II sehr bedrohlich weichgespült. Aber die Serie III schließlich mit dem Zwölfzylindermotor – die spricht für Puristen zu sehr mit amerikanischem Akzent.

Text: Clauspeter Becker
Fotos: Reinhard Schmid und H.D. Seufert

Daten & Fakten Jaguar XK E Serie I – 3.8 Litre

Motor
Reihensechszylinder, hängende Ventile betätigt durch zwei obenliegende Nockenwellen und Tassenstößel, drei Gleichdruckvergaser, Bohrung x Hub 86 x 106 mm, Hubraum 3781 cm³, Leistung 210 DIN-PS bei 4750/min, max. Drehmoment 353 Nm bei 4000/min

Kraftübertragung
Hinterachsantrieb, Viergang-Schaltgetriebe

Karosserie/Fahrwerk
Rohrrahmen, Stahlblech-Karosserie, vorn doppelte Querlenker, Drehstabfedern, Teleskop-Stoßdämpfer, hinten Einzelradaufhängung mit Längs- und Querlenkern, doppelte Schraubenfedern und vier Teleskop-Stoßdämpfer. Dunlop-Scheibenbremsen vorn und hinten

Maße/Gewicht
Länge/Radstand 4454/2438 mm, Breite/Höhe 1657/1180 mm, Gewicht 1250 kg

Fahrleistungen/Verbrauch
0 bis 100 km/h in 7,2 Sekunden, Höchstgeschwindigkeit 256 km/h, Verbrauch rund 18 Liter pro 100 Kilometer (Messwerte *auto motor und sport*, Heft 21/1962)

Neupreis 1961
Roadster 25 000 Mark, Coupé 26 000 Mark

Club
www.jaguar-association.de

1963

Aston Martin DB 5

Gefahr im Anzug

▶ *Viele halten den DB 5 für den schönsten je gebauten Aston Martin. Das Auto wurde zu einer Legende, nachdem Geheimagent James Bond damit im Dienste ihrer Majestät unterwegs war – allerdings fuhr er eine nicht ganz serienmäßige Ausführung.*

▶ **Dieses bildschöne Auto birgt manches Geheimnis in Form von ausgesprochen extravagantem Zubehör.**

»Wo ist mein Bentley?«, fragt Titelheld James Bond zu Beginn des 1964 entstandenen Films »Goldfinger«. »Seine Tage sind gezählt, Sie fahren jetzt diesen Aston Martin«, antwortet Q, der für die trickreiche Ausstattung des Geheimagenten verantwortlich ist. Der findige Ingenieur deutet auf einen silberfarbenen DB 5: »Wir haben ihn ein bisschen verbessert.«

Bescheidener lässt es sich kaum ausdrücken – der modifizierte Aston war eines der spektakulärsten Fahrzeuge in der Kinogeschichte. Auto- und Film-Kenner sind von diesem DB 5 so fasziniert wie die Damen von James Bond. Auf den ersten Blick sind dem britischen Coupé seine raffinierten Extras nicht anzusehen, was es zum idealen Auto für 007 machte. Denn auch die smarte und freundliche Art von Commander Bond lässt nichts von seiner Gefährlichkeit erahnen.

Die dezente Eleganz des DB 5 blieb bei der Verwandlung zum Agenten-Auto glücklicherweise unangetastet, denn viele halten diese Version für den schönsten je gebauten Aston Martin. Die Vorlage und das Rezept zum Bau der Karosserie stammen von der italienischen Firma Touring. Superleggera heißt die Herstellungsweise, bei der das Aluminiumblech über ein filigranes Rohrgerüst geformt wird. Besonders gelungen ist die Rundung der vorderen Kotflügel mit den integrierten Glaskuppeln, hinter denen sich die Scheinwerfer verbergen. Dieses Designmerkmal hatte bereits die fünfte und letzte Serie des DB 4 verschönert.

Eine Radarortungsanlage half bei der unauffälligen Verfolgung anderer Fahrzeuge.

Historie

DB 5 2017/R

In dem Film Goldfinger von 1964 kamen zwei DB 5 zum Einsatz. Nur einer davon war von John Stears und seinem Team in den Pinewood-Studios mit den Bond-Extras ausgerüstet worden. Er hatte die Chassis-Nummer DP 216/1 und das Kennzeichen BMT 216 A. DP stand für Development Project, es war der erstgebaute DB 5. Das Auto mit Chassis 1486/R wurde bei Fahraufnahmen eingesetzt und erst später von Aston Martin zu Werbezwecken mit den Extras nachgerüstet. Für Promotion-Auftritte baute Aston Martin 1965 für Eon Productions zwei Replikas mit den Chassisnummern 2008/R und 2017/R. Das originale Exemplar aus Goldfinger wurde 1968 zu einem normalen Straßenauto zurückgerüstet, die Zulassung BMT 216 A wurde auf 2017/R übertragen.

Ab 1969 war 2017/R in Privathand. Besitzer Anthony Bamford tauschte ihn gegen einen Ferrari 250 GTO ein. Ende 1969 verkaufte der neue Eigentümer das Auto nach Kanada, wo der DB 5 13 Jahre in einem Glaskasten vor dem Restaurant seines neuen Besitzers ausgestellt war. In den achtziger Jahren wurde 2017/R zum Spekulationsobjekt, es folgten zahlreiche Besitzerwechsel. 1989 verschwand das Auto und tauchte erst Mitte 1990 wieder auf – im Besitz des holländischen Toyota-Importeurs. Seitdem wird 2017/R im Het Nationaal Automobielmuseum in Raamsdonksveer bei Breda der Öffentlichkeit gezeigt.

Der Fahrersitz war sicher, der Beifahrer- ein Schleudersitz im wahrsten Sinne des Wortes.

Auch der Innenraum des 007-Aston wirkt im ersten Moment serienmäßig und spiegelt die im Prospekt für den DB 5 getroffene Behauptung wider: Luxus und Eleganz ohne Prahlerei. Mit feinem Leder bezogene Sitze, ein dreispeichiges Lenkrad mit vernietetem Holzkranz und eine Sammlung chromumrandeter Smith-Instrumente vermitteln ein edles Ambiente. Die diversen Bedienungselemente sind in diesem Auto allerdings mit Vorsicht zu genießen.

Der in Betriebsanleitungen übliche Hinweis, »sich vor Antritt der Fahrt über die Funktionsweise aller Schalter zu informieren«, sollte in diesem Fall nicht einfach übergangen werden. Das Betätigen eines falschen Schalters kann unangenehme Folgen haben, denn wer beispielsweise seine Beifahrerin per Schleudersitz ins Freie befördert, wird es schwer haben, ihr dieses Versehen zu erklären.

Der durch ein Rückstoßelement der Marke Martin-Baker hinauskatapultierbare Sitz ist die Hauptattraktion des Bond-Autos. Der Auslöser ist im Knopf des Schalthebels unter einem Deckel versteckt. Wird er gedrückt, fliegt zunächst ein Teil des Daches davon, dann folgen Gestühl und Passagier.

John Stears heißt der Mann, der damals in den Pinewood Studios das originale Bond-Auto präpariert hat. »Als Kind war ich immer von Aston Martin begeistert und habe davon geträumt, einmal einen fahren zu dürfen. Und jetzt muss ich ihm Löcher ins Dach schneiden«, wird Stears mit einem Stoßseufzer zitiert. Er trägt einen großen Anteil daran, dass Bonds Auto zur Legende wurde. Allerdings vervielfältigte sich die Legende im Laufe der Zeit. Bereits bei den damaligen Filmaufnah-

men kamen zwei verschiedene Fahrzeuge zum Einsatz. Das hier präsentierte Exemplar aus dem Het Nationaal Automobielmuseum in Holland ist eine der beiden 1965 zu Werbezwecken entstandenen Replikas, die sich nur in Details vom Original unterscheiden. Dazu gehört beispielsweise das Layout der Verteidigungsanlage, die sich unter einem lederbezogenen Deckel der Armlehne zwischen den Vordersitzen verbirgt. Hier sind alle wichtigen Knöpfe und Schalter versammelt, die einem Doppelnull-Agenten das Leben erleichtern.
Ein Drehschalter versetzt den in einem verchromten Gehäuse untergebrachten Nummernschildträger in Rotation, der die Form einer überdimensionierten Toblerone-Schokoladen-Packung hat. Die drei Längsseiten sind mit Kennzeichen verschiedener Länder bestückt. Der Drehschalter erlaubt die Einstellung B für British, S für Swiss oder F für French – schließlich gilt Bond als Mann von Welt.

Luxus und Eleganz ohne Prahlerei prägen den Innenraum des Sportcoupés.

007 JB
F
DB
5

Etwas geringere Bedienungskräfte für Kupplung, Schaltung und Lenkung wären wünschenswert gewesen.

Browning-Maschinengewehre hinter den Blinkern sorgten notfalls für freie Bahn.

Um lästige Verfolger abzuschütteln, gibt es diverse Alternativen. Sie können zum Beispiel in dichten Nebel gehüllt werden, der aus einem Rohr unter dem Heckblech dringt. Zwei andere Schalter ermöglichen es dem flüchtenden Agenten, die Fahrbahn hinter sich mit Öl oder Nägeln zu bedecken. Die tückischen Hilfsmittel erlangen die Freiheit, wenn die Rücklichtgehäuse nach unten kippen. Bei der Replika klappen lediglich die oberen runden Gläser nach oben und geben eine Öffnung frei.

Selbst wenn der DB 5 unter Beschuss genommen werden sollte, muss Bond nicht um sein Leben fürchten. Lautlos schnellt eine gepanzerte Platte senkrecht aus dem Kofferraumdeckel nach oben, die nicht nur die bescheidene Rücksicht vollends einschränkt, sondern auch alle feindlichen Geschosse abwehrt.

Aber selbst die serienmäßigen Anlagen des DB 5 würden genügen, um sich von fast allen damals käuflichen Autos zu distanzieren. Unter der Haube aus Leichtmetall ist ein Sechszylinder-Reihenmotor installiert, dessen Hubraum gegenüber dem DB 4 von 3,7 auf vier Liter gewachsen ist. Sobald das nach Einschalten der Zündung hörbare heftige Ticken der Benzinpumpe ruhiger geworden ist, kann er zum Leben erweckt werden.

Der laut Werksangabe 282 PS bei 5500/min starke Motor produziert einen dunklen, sportlichen Sound. Bereits

auf den ersten Metern wirkt das Auto leichtfüßig, wozu das spontane Ansprechen auf Gaspedalbewegungen einen nicht unerheblichen Anteil beiträgt. Der Motor ist so elastisch, dass es im großen Gang bereits ab wenig über 1000/min zügig voran geht. Das maximale Drehmoment von 39,8 mkg wird bei 3850/min erreicht. Als angenehm zum Cruisen über Landstraßen erweist sich der Drehzahlbereich zwischen 2000 und 3000/min. Hier ist das dunkle Brummen des Motors dezent im Hintergrund.
Das ZF-Fünfganggetriebe erlaubt wegen der besseren Synchronisation schnellere Gangwechsel als die bis Chassisnummer 1339 serienmäßige Viergangbox. 100 km/h werden aus dem Stand in 7,2 Sekunden erreicht. Damit musste man sich in den Sechzigern höchstens Supersportlern wie einem Ferrari 275 GTB beugen, der mit einem Preis von 53 600 Mark aber nicht die Klasse eines Aston erreichte, der 56 000 Mark kostete.
Und die Höchstgeschwindigkeit von über 230 km/h sorgt dafür, dass selbst heute noch viele andere Verkehrsteilnehmer als Hindernis empfunden werden. Unwillkürlich tastet die linke Hand zur Mittelkonsole. Vielleicht sorgen einige Warnschüsse aus den hinter den Blinkern versteckten Browning-Maschinengewehren für freie Bahn. Notfalls wird der Vordermann mit den hydraulisch ausfahrbaren Stoßstangenhörnern von der Bahn geboxt.
Aston-Martin-Chef David Brown sagte damals: »Wir beabsichtigen nicht, die Extras des Bond-Autos in die Serie zu übernehmen, so nützlich sie auch sein mögen.« Viele DB-5-Besitzer bedauerten dies, obwohl die Serienversion die üblichen Alltagssituationen bravourös meisterte.

▶ Hinter dieser Stahlplatte verloren selbst schießwütige Verfolger viel von ihrem Schrecken.

007 JB
F
DB
5

Besonders gelungen ist die Rundung der vorderen Kotflügel mit den integrierten Glaskuppeln.

Drei Kennzeichen aus drei Ländern standen dem Geheimagenten und Mann von Welt jederzeit auf bloßen Knopfdruck zur Verfügung.

▶ **Viele halten den DB 5 für den schönsten je gebauten Aston Martin. Ein durchaus vertretbarer Standpunkt!**

Das Betätigen eines falschen Schalters konnte unangenehme Folgen haben.

Auf den ersten Blick sind dem britischen Coupé seine raffinierten Extras nicht anzusehen.

Hinter den Rückleuchten lauerten Öl und Nägel auf etwaige Verfolger.

Aus der Sicht schwächlicher Autofahrer wären etwas geringere Bedienungskräfte für Lenkung, Kupplung und Schaltung wünschenswert. Ansonsten erweist sich der DB 5 als ein ausgereiftes Tourenfahrzeug, wobei er von der bereits beim DB 4 begonnenen Modellpflege profitiert. Auch der gebotene Fahrkomfort verdient Lob, die Passagiere fühlen sich besser behandelt als Bonds Martini, den er bevorzugt »geschüttelt, nicht gerührt« zu sich nimmt.

Für die britische Nobelmarke Aston Martin war die Partnerschaft mit 007 ein Glücksfall, denn Goldfinger wurde zum Kultfilm – in Europa wie in den USA. »Der Bekanntheitsgrad von Aston wuchs plötzlich rapide, und den Leuten wurde bewusst, welch exzellente Autos diesen Namen trugen«, erinnert sich Collin Thew, der damals im Service Department von Aston beschäftigt war.

Auch der bei Frauen und Autos sehr wählerische 007 schätzte die Qualitäten des DB 5. Im 1995 gezeigten Film »Golden Eye« war er wieder in einem solchen Auto im Dienste ihrer Majestät unterwegs. Vermutlich hatte Bond zuvor gefragt: »Wo ist mein Aston Martin?« Der findige Q wusste offensichtlich keine Alternative.

Text: Bernd Woytal
Fotos: Uli Jooß

Der Sechszylinder-Reihenmotor mit vier Litern Hubraum leistet 282 PS.

Daten & Fakten Aston Martin DB 5

Motor
Reihensechszylinder aus Leichtmetall, zwei obenliegende Nockenwellen, Bohrung x Hub 96 x 92 mm, Hubraum 3995 cm^3, Leistung 282 PS bei 5500/min, max. Drehmoment 39,8 mkg bei 3850/min, Gemischaufbereitung durch drei Zwei-Zoll-SU-Vergaser (Vantage 314 PS bei 5750/min und drei Weber-Doppelvergaser 45 DCOFF)

Kraftübertragung
Hinterradantrieb, Zweiplatten-Federscheibenkupplung, Vierganggetriebe mit Overdrive, auf Wunsch Fünfgang (ab Fahrgestellnummer 1340 Serie)

Karosserie/Fahrwerk
Plattform mit Rohrrahmen, Alu-Karosserie, vorn Einzelradaufhängung mit Schraubenfedern und Querlenker, hinten Starrachse mit Wattgestänge, Scheibenbremsen, Zahnstangenlenkung, Reifen 6.70 x 15

Maße/Gewicht
Radstand/Länge 2490/4570 mm, Breite/Höhe 1680/1320 mm, Gewicht 1465 kg

Fahrleistungen*
Beschleunigung 0 bis 100 km/h in 7,2 s, Höchstgeschwindigkeit 233,6 km/h

Verbrauch*
etwa 16 Liter/100 km

Bauzeit/Stückzahl
1963 bis 1965 / 1063 (alle Versionen)

Preis
56 000 Mark (1965)

*Messung *Motor* 1965

▶ **Mit seinem brachialen Roadster hatte Donald Mitchel Healey eines der faszinierendesten Fahrzeuge seiner Art geschaffen.**

1963

Austin-Healey 3000 Mk III

Härtefall

▶ *Der Besitzer eines Big Healey brauchte niemals sonderlich reich zu sein – stets aber Manns genug, um den wilden Roadster wirklich zu genießen. Daran hat sich bis heute nichts geändert.*

Wenn die Geschichte wirklich stimmt, dann muss der arme Kerl in der Tat einen regelrechten Schock erlitten haben: Aston-Martin-Pilot Ken Wharton, so heißt es, soll seinen 1955 erworbenen Rennsportwagen DB3 S auch abseits der Piste zum Privatvergnügen eingesetzt haben. Und bei einer dieser Ausfahrten wurde der britische Rennfahrer offenbar ziemlich respektlos von einem Austin-Healey-Fahrer verblasen. Anschließend, so die Legende, versuchte Wharton, seinen Aston Martin wegen Leistungsmangel an das Werk zurückzugeben.

Dabei hatte Wharton vermutlich einfach Pech. Wahrscheinlich begegnete er damals auf der Landstraße nicht einem serienmäßigen Austin-Healey 100, sondern einem der seltenen Sportmodelle vom Typ 100 S. Bei diesem Straßenrenner steigerte ein Weslake-Zylinderkopf aus Aluminium mit geraden, einzeln geführten Kanälen die Leistung des stoßstangengesteuerten 2,7-Liter-Reihenvierzylindermotors von 90 auf 132 PS bei 4600 Umdrehungen.

Gleichzeitig drückten Karosserieteile aus Leichtmetall und eine Windschutzscheibe aus Plexiglas das Gewicht um rund 100 auf 873 Kilogramm; Scheibenbremsen rundum hielten den Sportler im Zaum. So ausgerüstet, erreichte der 100 S eine Höchstgeschwindigkeit von beeindruckenden 191 km/h, die 100-km/h-Markierung durcheilte der Austin-Healey nach 7,8 Sekunden. Zur Erinnerung: Man schreibt das Jahr 1955, als Beschleunigungswerte unter 20 Sekunden auf 100 km/h als temperamentvoll galten.

In den Genuss dieser Fahrleistungen kamen allerdings nur exakt 50 Besitzer des Sondermodells, dessen S übrigens nicht für Sport, sondern für Sebring steht. Doch auch der zivile Austin-Healey 100 stürmte in wenig mehr als zehn Sekunden auf Tempo 100, kratzte bei umgelegter Frontscheibe an der 170-km/h-Mauer und sorgte für ein zufriedenes Grinsen auf dem Gesicht des Fahrers.

Kein Zweifel, mit seinem brachialen Roadster hatte Donald Mitchel Healey, ein ehemaliger Airforce-Pilot, Rennfahrer und später technischer Direktor bei Triumph, eines der faszinierendsten Fahrzeuge seiner Art geschaffen. Als geradezu genial entpuppte sich seine Produktionsehe mit Leonard Lord, Chef der British Motor Corporation (BMC): Über Nacht hatten die beiden Herren auf der Earls Court Motor Show 1952 in London beschlossen, den soeben präsentierten Healey 100 im Austin-Werk Longbridge zu fertigen und unter dem Signet Austin-Healey auf den Markt zu bringen.

Unter BMC-Regie ließ sich der Roadster kostengünstig fertigen und bot somit von Beginn an unglaublich viel

Historie

1952
Das Gesprächsthema bei der London Motor Show ist der neue Healey-Sportwagen, bestückt mit einem Austin-A90-2,6-Liter-Motor. Über Nacht wird mit BMC (Austin) eine Großserie vereinbart.

1956
Der Austin-Healey 100 Six erscheint auf der Bildfläche, wahlweise als Zweisitzer oder in der 2+2-Form.

1959
Der Austin-Healey 3000 Mk I erblickt das Licht der Welt, jetzt mit 2,9-Liter-Maschine und Scheibenbremsen vorn.

1961
Einführung des Mk II mit drei Vergasern, ein Jahr später sind es nur noch zwei Vergaser.

1963
Im November erscheint der Mk III. Seine Leistung wird auf 148 PS erhöht, das Cockpit wird mit Holz vollkommen neu gestaltet.

1968
Der letzte große Healey läuft in Abingdon vom Band.

Die direkte Lenkung ist überraschend leichtgängig, die Pedale jedoch erfordern stramme Waden.

Der bissige Kühlergrill des Austin-Healey, hier gespiegelt im eigenen Nebelscheinwerfer.

Leistung für lächerlich wenig Geld. Auf dem britischen Markt war er geradezu ein Schnäppchen, im Ausland – mehr als 90 Prozent der Produktion ging in den Export, zumeist in die Vereinigten Staaten – leuchtete die Zahl auf dem Preisschild im Vergleich zu ähnlich potenten Sportwagen von Ferrari oder Aston Martin immer noch verführerisch.

Ein Jaguar XK 120 kostete damals 1130 Pfund, der Healey wechselte bereits für 750 Pfund den Besitzer. Zu die-

Die Bodenfreiheit liegt bei lediglich 115 Millimetern. Unebenheiten werden da schnell zu Hindernissen.

sem Preis paarte der Zweisitzer pures, geradezu animalisches Fahrvergnügen mit einer aufregenden, bereits im Stand schiere Kraft demonstrierenden Karosserielinie. Beides zusammen ergab eine Erfolgsformel, der sich zu allen Zeiten kaum jemand entziehen konnte.

Extra Mobile

Eimerweise Drehmoment schon bei niedrigen Drehzahlen erzieht auch nervöse Fahrer zur Gelassenheit.

Und der Big Healey wurde im Laufe der Zeit immer besser. Während andere Hersteller ihre Roadster durch Modellpflegemaßnahmen zumeist verweichlichten, schaffte BMC das Kunststück, den Healey sachte zu kultivieren, ohne seine animalische Ausstrahlung und seinen Fahrspaß zu beeinträchtigen.

So schlug bereits im 1956 präsentierten 100 Six ein ebenfalls stoßstangengesteuertes, sechszylindriges Herz mit 2,6 Litern Hubraum, das 1959 für den Austin-Healey 3000 auf knapp drei Liter aufgebohrt wurde. Im November 1963 schließlich erschien mit dem 3000 Mk III der stärkste und beste Big Healey aller Zeiten.

Sein Reihenmotor leistet kräftige 148 PS bei 4750 Umdrehungen, immerhin 16 Einheiten mehr als der Sportler 100 S. Auch in der Höchstgeschwindigkeit übertrifft der Healey 3000 seinen Ahnen mit 194 km/h um ein paar Zähler; lediglich in puncto Beschleunigung auf 100 km/h muss sich der 3000 wegen seines höheren Gewichts von gut 1100 Kilogramm mit einem Wert von 9,8 Sekunden um zwei Sekunden geschlagen geben.

Dennoch muss sich der Fahrer bei jedem Ampelstart beinahe zusammenreißen, um nicht zwei lange schwarze Striche auf dem Asphalt zu hinterlassen. Der Dreiliter-Sechszylinder liefert bereits knapp über Leer-

laufdrehzahl eimerweise Drehmoment; ihren Zenit erreicht die Drehmomentkurve mit 220 Nm bereits bei 3000 Umdrehungen.
Bei dieser Drehzahl fühlt sich der Langhuber sichtbar wohl und unterstreicht seine Zufriedenheit durch sonor grollendes Auspuffgeräusch. Wenn der Fahrer dann im letzten Gang des Vierganggetriebes das Gaspedal durchdrückt, erinnert das Ergebnis an eine zurückschwappende Atlantikwelle.
Die Gewissheit, dieses Naturereignis jederzeit provozieren zu können, erzieht auch nervöse Piloten zu Gelassenheit. Bei dieser Fahrweise laufen 12 bis 15 Liter Benzin durch den SU-Vergaser.
Je mehr sich der Big Healey der Höchstgeschwindigkeit nähert, desto infernalischer werden die Lebensäußerungen des Motors; daran kann auch der drehzahlsenkende Overdrive von Laycock de Normanville nichts ändern. In früheren Healey-Tagen waren Gentlemen sogar gut beraten, das Gaspedal nachts in Städten allenfalls zu streicheln. Wegen schärferer Geräuschbestimmungen ist der 3000 zwar deutlich leiser als seine Vorfahren, dennoch brauchen Healey-Fahrer ihren Nachbarn nach wie vor nicht Bescheid zu sagen, wenn sie ihren Roadster ausführen.
Mitunter steigert sich die Lautstärke auch plötzlich um ein Vielfaches. Dann nämlich, wenn der Fahrer die geringe Bodenfreiheit von lediglich 115 Millimetern – das ist etwas mehr als eine hochkant gestellte Zigarettenschachtel – vergessen hat und sich der Healey beim Überfahren einer Bodenwelle scheppernd seines Endtopfs entledigt.
Ab Mai 1964 erhöhte zwar eine neue Hinterachskonstruktion mit an Schubstreben geführter Starrachse die Bodenfreiheit des traditionell auf einem stabilen Kastenrahmen aufgebauten Briten, doch der Unterschied ist marginal. Wie eh und je sollten Big-Healey-Fahrer allen Bodenunebenheiten mit vorsichtigem Argwohn begegnen.
Verbessert hat sich mit der neuen Achskonstruktion indes der Fahrkomfort dank des nun größeren Federwegs

▶ **Der Reihen-Sechszylinder schöpfte aus knapp drei Litern Hubraum eine Leistung von 148 PS.**

Extra Mobile

▶ **Von Beginn an bot der Roadster unglaublich viel Leistung für lächerlich wenig Geld.**

beim Ausfedern. Zudem ist der 3000 Mk III im Grenzbereich nicht ganz so tückisch wie seine Vorgänger, aber nach wie vor kein Fahrzeug für Muttersöhnchen.
Ein Healey war nie ein Auto, mit dem Fahranfänger das Schnellfahren lernen sollten. Dennoch können Kurven sicher und schnell und umrundet werden, zu Beginn des Grenzbereichs lässt sich das ausbrechende Heck auch problemlos mit wenig Gegenlenken beherrschen.
Dies sieht im übrigen von außen zumeist spektakulärer aus als für den Fahrer; Healey-Piloten bekommen oft große Augen, wenn sie auf Videoaufnahmen Bilder ihrer eigenen Drifteinlagen sehen. Man darf es nur nicht übertreiben: Ab einem bestimmten Punkt hat der Fahrer verloren, und sein Big Healey rotiert wie ein Brummkreisel mit dem schweren Motor als Drehpunkt.
Sein im Grenzbereich heimtückisches Fahrverhalten verlieh dem Austin-Healey auch seinen Spitznamen. »The pig«, das Schwein, nannte Stirling Moss' Schwester Pat den Healey. Dennoch war die bekannte Rallyepilotin auf dem 3000 außerordentlich erfolgreich, sie gewann beispielsweise als erstes britisches Team zusammen mit Pauline Mayman 1960 die Rallye Lüttich–Rom–Lüttich.
Generell gibt es kaum eine Disziplin, in der die Austin-

Healey keinen sportlichen Lorbeer geholt haben. Zweimal, 1961 und 1962, siegten die Gebrüder Morley beim prestigeträchtigen Coupe des Alpes, Rauno Altonen stand 1964 bei der Rallye Spa–Sofia–Lüttich ganz oben auf dem Treppchen.

Auch im heutigen historischen Motorsport zählt der Austin-Healey immer zu den siegverdächtigen Fahrzeugen; bei Rallyes oder Ausfahrten auf Landstraßen lässt sich der Fahrspaß kaum überbieten. Die extrem aufrechte Sitzposition erinnert dabei stark an ein Vorkriegsfahrzeug. Die direkte Lenkung zeigt sich überraschend leichtgängig für einen Roadster, dafür benötigen die Pedale trainierte Waden.

Dies gilt besonders für das Bremspedal, für kurze Bremswege bedarf es trotz Bremskraftverstärkers und Scheibenbremsen an der Vorderachse eines kräftigen Tritts. Der in der Mitte aus dem Kardantunnel ragende Schalthebel will mit Nachdruck geführt werden.

Geradezu komfortabel geriet dagegen die Inneneinrichtung. Beherrscht wird das Interieur von einem riesigen Armaturenbrett aus poliertem Holz, das in den Sechzigern im Grunde nicht so recht zum machohaften Big Healey passen wollte. Amerikanische Kunden jedoch fanden, dass ein britischer Sportwagen so englisch wie möglich sein sollte, und dazu gehörte nach ihren Vorstellungen eben auch ein getäfelter Innenraum.

▶ **Um den wilden Roadster wirklich genießen zu können, bedurfte es schon eines gestandenen Mannsbilds. Und gewisser fahrerischer Qualitäten...**

Zu den komfortablen Seiten des Healey zählen seitliche Kurbelfenster und ein Verdeck, das nicht unbedingt Pfadfinderfertigkeiten verlangt. Alibifunktion besitzen dagegen die beiden schmalen Notsitze hinter den Frontplätzen. Allenfalls sehr gelenkige Erwachsene halten es ganz kurze Zeit in dieser Absteige ohne Knieraum aus, und auch das nur bei geöffnetem Verdeck.
Somit ist der Big Healey trotz aller komfortablen Neuerungen das geblieben, was er immer war: ein fordernder, wilder und ungestümer Begleiter. Bereits zu seinen Produktionszeiten war er ein Anachronismus, ein heldenhaftes Überbleibsel aus vergangenen Tagen – und genau deshalb lieben ihn seine Fans. Oder, um es mit seinem Schöpfer Donald Healey zu sagen: »Perfektion ist langweilig.«

Text: Tony Dron
Fotos: Uli Jooß

▶ Der 3000 Mk III war der stärkste und beste Big Healey aller Zeiten.

Daten & Fakten Austin-Healey 3000 Mk III

▶ Motor

Sechszylinder-Viertakt-Reihenmotor, vorne längs eingebaut, Bohrung x Hub 83,36 x 88,9 mm, Hubraum 2912 cm³, Verdichtung 9 : 1, Leistung 148 PS (109 kW) bei 4750/min, maximales Drehmoment 22,4 mkg (220 Nm) bei 3000/min, Motorblock aus Grauguss, vierfach gelagerte Kurbelwelle, seitliche Nockenwelle, über Kette angetrieben, hängende Ventile, über Stoßstangen und Kipphebel betätigt, Wasserkühlung mit Pumpe, Druckumlaufschmierung, Gemischaufbereitung durch zwei SU-Vergaser BJ8

▶ Kraftübertragung

Hinterradantrieb, Einscheiben-Trockenkupplung, vollsynchronisiertes Dreiganggetriebe mit Overdrive, Übersetzungen: I. 2,83, II. 2,06, III. 1,31, IV. 1,0

▶ Karosserie/Fahrwerk

Kastenrahmen mit Kreuzverstrebung, vorne Einzelradaufhängung mit Dreiecksquerlenkern, Schraubenfedern, Stabilisator und Hebelstoßdämpfern, hinten Starrachse mit Halbelliptik-Blattfedern, Panhardstab und Hebelstoßdämpfern, Schneckenlenkung, hydraulisch betätigte Scheibenbremsen vorne, hydraulisch betätigte Trommelbremsen hinten, Handbremse mechanisch auf die Hinterräder wirkend, Bereifung 5.90 – 15

▶ Maße/Gewicht

Radstand/Länge 2291/4165 mm, Breite/Höhe 1537/1260 mm, Spur vorne/hinten 1220/1270 mm, Leergewicht vollgetankt 1156 Kilogramm

▶ Fahrleistungen

Beschleunigung 0 bis 100 km/h 9,8 s, Höchstgeschwindigkeit 194 km/h

▶ Bauzeit

November 1963 bis März 1968

▶ Stückzahl

17 704

▶ Club

Austin-Healey-Club Germany, Dr. Rüdiger Robra, Dr. Böttcherstraße 19, 81245 München, www.ahcg.de

1968

Morgan Plus 8

Morgan-Rock

▶ *Der Mythos Morgan erwachte erst mit dem Einbau des Rover-V8 zum richtigen Leben. Seit 1968 tobt unter der handgedengelten Haube feinster Achtzylinder-Rock'n'Roll. Motor Klassik hörte bei einem 74er Exemplar genau hin.*

▶ **Der Morgan vermittelt ein unglaublich direktes, intensives Fahrgefühl.**

Die Musik spielt unter der langen Motorhaube, deren Entlüftungsschlitze von Hand in das Blech gestanzt wurden. Sie kommt von einer 180-Grad-Kurbelwelle tief im Leichtmetallblock, aus zwei putzeimergroßen SU-Vergasern und zwei dünnen Auspuffrohren, die gar nicht so aussehen, als könnten sie vernünftigen Sound produzieren.

Als Lautstärkeregler dient ein Rollengaspedal, ganz wie in einem alten Käfer, und es verbirgt sich in der tiefen Höhle links vom Getriebe, die bei normalen Autos Fußraum heißt. Den knappen Platz zwischen Radhaus und Tunnel teilt es sich mit den üblichen Kupplungs- und Bremshebeln.

Die Hebel verlangten – so Klaus Westrup im *auto-motor-und-sport*-Test von 1970 – »Bedienungskräfte, die man sonst nur in Raupenschleppern investiert«. Von der Schaltung können wir das nicht behaupten, was wohl daran liegt, dass unser gelber Morgan bereits mit der Viergangbox des Rover P6 ausgerüstet ist. Die gibt sich im Umgang deutlich konzilianter als das Moss-Getriebe der ersten Plus 8.

Die Kupplung hingegen trennt immer noch nur unter Gewaltanwendung Kurbelwelle und Getriebe. Und sie lässt sich entsprechend schwer dosieren. Das satte Drehmoment des Achtzylinders im Drehzahlkeller verhindert peinliches Abwürgen, aber der Morgan-Novize verrät sich dennoch durch fahrschülerhaftes Hoppeln beim Anfahren.

Alexander Balk, auf dem Beifahrersitz mitleidender Besitzer des Morgan, hat anscheinend nichts gemerkt. Das ist sehr nett, und ich danke es ihm durch behutsames Warmfahren. Viel Drehzahl braucht der Leichtmetall-V8 ohnehin nicht. Den vierten Gang kann man schon am Ende der Tempo-30-Zone rund um die Garage einlegen, und eigentlich könnte er für den Rest des Tages drinnen bleiben.

Doch dazu macht das Schalten viel zu viel Spaß. Der kurze Hebel lässt sich etwas knochig, aber leicht von Ebene zu Ebene verschieben, und Zwischengas geben ist eher Vergnügen als Pflicht. Generell fährt sich der Morgan normaler als gedacht.

Die viel gerühmte Härte des Fahrwerks entpuppt sich als angenehme Straffheit, die nur auf ausgesprochen schlechten Passagen unangenehm wird. Aber vielleicht liegt das nur an unseren verschobenen Maßstäben. Steigt man heutzutage in einen Morgan, erwartet man einen Oldtimer mit Fahreigenschaften weit jenseits des Gewohnten. Anfang der siebziger Jahre muss ein Plus 8, der immerhin in seiner Preisklasse mit Sportwagen wie einem Alfa GTV 2000 oder Porsche 914 konkurrierte, ein viel erschütternderes Erlebnis gewesen sein.

Denn der Achtzylinder-Morgan war schon bei seinem

▶ Die Entlüftungsschlitze in der langen Motorhaube wurden von Hand ins Blech gestanzt.

Debüt 1968 nicht mehr ganz auf der Höhe der Zeit. Karosserie und Fahrwerk entsprachen dem seit 1950 gebauten Plus 4, dem bislang stärksten Modell der Marke. Die Karriere des 2,2-Liter-Vierzylinders aus dem TR 4 neigte sich Mitte der sechziger Jahre dem Ende zu. Die Suche nach einem passenden Nachfolger, der schon etwas kräftiger sein durfte, war mühsam. Weder der Ford-V6 (zu schwer) noch der TR-5-Sechszylinder (zu groß) und schon gar nicht der Lotus Twin Cam entsprach den Anforderungen der Morgan-Chefs.

Zur gleichen Zeit war Rover an einer Übernahme von Morgan interessiert. Direktor Peter Wilkes stattete der Manufaktur in Malvern Link einen Besuch ab, bei dem er sich dann eine Abfuhr einhandelte. Aber Peter Morgan und der Rover-Boss trafen eine Vereinbarung, die Morgan den Einbau des gerade in der Entwicklung befindlichen Leichtmetall-V8 gestattete, den Rover seinerseits von Buick übernommen hatte. Einzige Einschränkung: Morgan durfte den Achtzylinder nur in sportliche

▶ **Generell fährt sich der Morgan normaler als man vielleicht gedacht hat.**

Zweisitzer einbauen, weshalb die Viersitzer bis heute mit Vierzylinder-Motoren diverser Herkunft auskommen müssen.

Die Entwicklung des neuen Achtzylinder-Morgan sollte sich schwieriger gestalten als geplant. Konstrukteur Maurice Owen nahm zwar unverzüglich die Arbeit auf und ließ sich auch nicht davon abhalten, dass noch gar kein Rover-Motor verfügbar war, den man in das Chassis des Plus 4 einpassen konnte. Man besorgte sich ein Buick-Triebwerk aus den USA und nahm die entsprechenden Anpassungen vor.

Der erste Prototyp hatte also genau genommen einen Buick-Motor. Er funktionierte so gut, dass Owen ihn noch Jahre später als Alltagsauto bewegte, bevor er an einen Morgan-Sammler verkauft wurde.

Der zweite Plus 8 kam dem Serienfahrzeug schon sehr nahe. Er hatte einen echten Rover-Motor und ein modifiziertes Chassis mit Verstärkungen, die übrigens nicht wegen des größeren Gewichts, sondern wegen der zu erwartenden Fahrleistungen notwendig erschienen. Der Alu-V8 wog kaum mehr als der gusseiserne Triumph-Vierzylinder. Die Veränderungen zum Plus 4 am Fahrwerk beschränkten sich auf stabilere Achsschenkel vorn und andere Anlenkpunkte an der Hinterachse.

Überhaupt wird Fortschritt bei Morgan traditionell nicht vom Zeitgeist, sondern von der Lieferbarkeit bestimmter Bauteile (und in jüngerer Zeit vermehrt von gesetzlichen Bestimmungen) diktiert. So auch bei der Wahl des Getriebes: Der Rover P6 3500 war zuerst nur mit Automatik lieferbar, was natürlich für Morgan nicht in Frage kam. Also vertraute man auf das bekannte Moss-Getriebe, bis Rover eine modernere Viergangbox im Angebot hatte. Die wiederum wurde so lange gebaut, bis die gesamte Antriebseinheit des P6 1976 durch die des SD 1 ersetzt wurde.

Doch so weit war es 1967 noch lange nicht. Es galt noch das ein oder andere Hindernis zu überwinden. Eines der kleineren war die Platznot der Maschine im langen, aber niedrigen Motorraum. Der mächtige Luftfilter der beiden SU-Vergaser passte nicht unter den Mittelsteg zwischen den Flügeln der Motorhaube. Dieses Problem wurde morgantypisch gelöst: Das dicke Gehäuse erhielt mit Holzklotz und Karosseriehammer einen wohl gezielten Schlag in die Mitte.

Ein Hammer reichte beim zweiten Problem nicht. Denn Rover wurde von British Leyland übernommen, und die neuen Herren waren nicht ohne weiteres bereit, Morgan das Triebwerk zu überlassen. Der Plus 8 konnte nicht wie geplant auf der London Motor Show 1967 erscheinen.

Als Ersatz für den Rover-Antrieb versuchte man Morgan den Triumph-Achtzylinder anzudienen, für den es jetzt

Die viel gerühmte Härte des Fahrwerks entpuppt sich als angenehme Straffheit.

Aus der Nähe betrachtet wirken die Scheinwerfer fast störend im schönen Schwung der Karosserie.

▶ **Unter der Haube spielt ein Leichtmetall-V8 Rock'n'Roll.**

▶ **Schon 50 km/h fühlen sich im Morgan schneller an als 100 in einem modernen Sportwagen.**

▶ Nur mit Verzögerung scheint nach sanftem Zug am Lenkrad die Haube den Vorderrädern zu folgen.

Die beiden dünnen Auspuffrohre produzieren durchaus vernünftigen Sound.

im Konzern keine richtige Verwendung mehr gab. Ein Achtzylinder-Triumph wäre ein direkter Konkurrent des gerade serienreif entwickelten Rover P6 geworden. Morgan schlug das Angebot aus.
Schließlich kam man überein, den Roadster mit Rover-Motor nach der Vorstellung des Rover P6 3500 zu präsentieren. Vielleicht mag es bei der verzögerten Zustimmung aus der Leyland-Chefetage eine Rolle gespielt haben, dass der geplante Mittelmotor-Sportwagen Rover P6 BS nun doch nicht gebaut werden sollte.
Der Morgan jedenfalls war ein Erfolg. Schon auf der Motor Show wurden die ersten Kaufverträge gezeichnet, und bis Ende 1968 konnten bereits 20 Autos ausgeliefert werden.

1970: In Deutschland sorgte der Plus 8 für Aufsehen. Im ersten Test in *auto motor und sport* maßen die Tester weltrekordverdächtige Elastizitätswerte. So beschleunigte der in Indigo Blue lackierte Test-Roadster im großen Gang in 10,2 Sekunden von 40 auf 100 km/h. Ein Maserati Ghibli etwa brauchte für die gleiche Übung 14,6 Sekunden, allerdings in der fünften Stufe. Der Ferrari 365 GT B4 Daytona konnte den Morgan auch nur mit Zurückschalten distanzieren: Er absolvierte die Messung in 8,6 Sekunden. Im höchsten Gang hätte er mit 13,6 Sekunden das Nachsehen gehabt.
Doch die italienischen Supersportwagen spielten in einer anderen Liga. Sie waren rund fünf Mal so teuer wie ein Plus 8. Der immer noch fast doppelt so teure Porsche 911 S 2.7 benötigte 12,5 Sekunden für den Spurt von 40 auf 100 im vierten Gang. Rund 17 000 Mark kostete ein Morgan Plus 8 zu Beginn der siebziger Jahre und befand sich damit in einer Preisklasse mit einem Mercedes 250 S oder BMW 2500.
Es wäre eine kluge Investition gewesen. Ein guter Plus 8 dieser Epoche ist inflationsbereinigt heute etwa immer noch so viel wert wie damals als Neuwagen. Unter 50 000 Mark ist nichts Gescheites zu haben. Das weiß auch Alexander Balk, der lange gesucht hat, bis er seinen Wunsch-Roadster von 1974 in der Sonderfarbe Bright Yellow fand.
Zu der Farbwahl darf man gratulieren. Der Ausblick vom Fahrersitz erinnert an ein Sonnenblumenfeld. Er lässt Frühlingsgefühle aufkommen, auch wenn über dem Allgäu Regenwolken drohen und die Außentemperatur weniger Grad als der Morgan Zylinder zählt.
Und er überwältigt immer noch. Auch nach der zehnten Kurve, wenn nach sanftem Zug am Lenkrad die leuchtende Haube, scheinbar mit Verzögerung, den Vorderrädern folgt. Ganz kurz bläst der Wind seitlich ins Cockpit,

▶ Auch ohne vorgeklappte Windschutzscheibe spürt man noch genug vom Fahrtwind.

▶ Wie Fremdkörper durchdringen die Rückleuchten die harmonische Linie des Hecks.

▶ **Der Achtzylinder verfügt über ein sattes Drehmoment schon im Drehzahlkeller.**

bevor er beim Rausbeschleunigen wieder über die flache Scheibe tobt.

Die Gangwechsel gehen nach jeder Kehre schneller von der Hand, das Gaspedal wird weiter in Richtung Spritzwand gedrückt. Die Messwerte von 1970 glaubt man gern, ohne sie nachmessen zu wollen. Schon 50 km/h fühlen sich schneller an als 100 in einem modernen Sportwagen.

Die trockenen Schläge der Hinterachse verschwimmen, wie auch das kurze Durchdrehen des kurveninneren Hinterrads, bevor das Differential dicht macht und den Morgan aus der Kurve schleudert. Was bleibt, ist ein unglaublich direktes, intensives Fahrgefühl – fast wie bei einem Motorrad ohne Schräglage.

Der dumpfe Klang des angloamerikanischen Triebwerks ist immer da. Präsent wie eine gelungene Filmmusik, die Eindrücke verdichtet, sich aber nie aufdrängt. Wie wenn man beim Morganfahren einen Rocksong hörte. »Stormbringer« von Deep Purple würde passen, der ist auch von 1974.

Text: Heinrich Lingner
Fotos: Reinhard Schmid

Daten & Fakten Morgan Plus 8

▶ Motor
Achtzylinder-V-Motor, Hubraum 3532 cm³, Bohrung x Hub 88,9 x 71,1 mm, Leistung 151 PS bei 5200/min, max. Drehmoment 285 Nm bei 2600/min, zentrale Nockenwelle, über hydraulische Stößel und Kipphebel betätigte Ventile; zwei SU-Fallstromvergaser

▶ Kraftübertragung
Hydraulisch betätigte Kupplung, Vierganggetriebe (ab 1977 Fünfgang), Sperrdifferential, Hinterradantrieb

▶ Karosserie/Fahrwerk
Kastenrahmen mit Stahlblech-Karosserie auf Holzrahmen, vorn Einzelradaufhängung an senkrechten Führungsrohren und Schraubenfedern mit Teleskopdämpfern, hinten Starrachse an Blattfedern und Hebeldämpfern, Lenkung mit Schnecke und Lenkfinger, Reifen 185 HR 14

▶ Maße/Gewichte
Radstand/Länge 2490/3860 mm, Breite/Höhe 1460/1320 mm (ohne Verdeck 1240 mm), Gewicht 935 kg (voll getankt); Tankinhalt 62 Liter

▶ Fahrleistungen/Verbrauch*
Höchstgeschwindigkeit 197,8 km/h, 0 bis 100 km/h 7,3 s; 14,7 Liter/100 km (Superbenzin)

* Alle Messwerte *auto motor und sport*, Ausgabe 1/1975

▶ Bauzeit/Stückzahl
1968 bis heute / ca. 5000 Exemplare (alle Plus-8-Modelle)

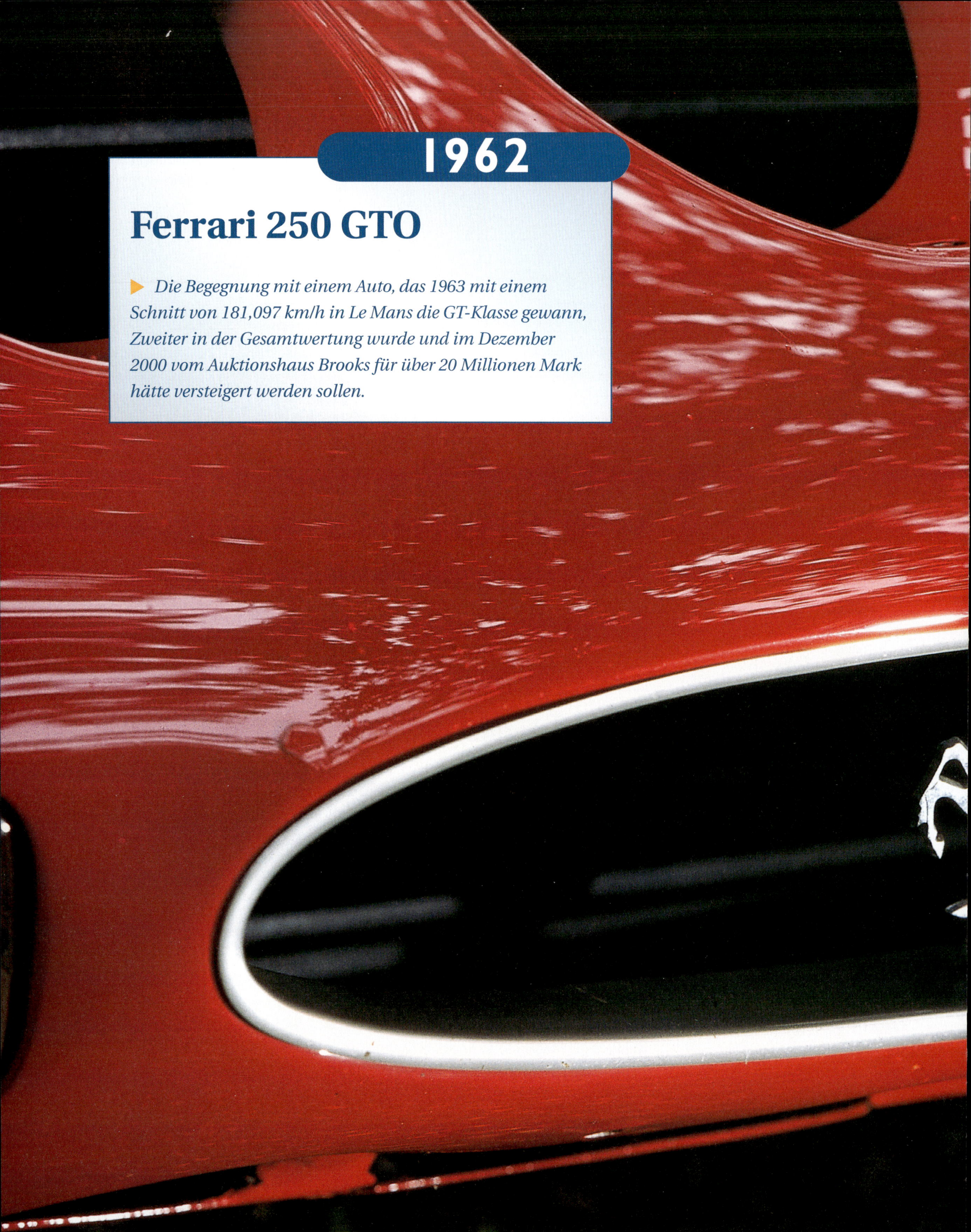

1962

Ferrari 250 GTO

▶ *Die Begegnung mit einem Auto, das 1963 mit einem Schnitt von 181,097 km/h in Le Mans die GT-Klasse gewann, Zweiter in der Gesamtwertung wurde und im Dezember 2000 vom Auktionshaus Brooks für über 20 Millionen Mark hätte versteigert werden sollen.*

▶ **Der Ferrari 250 GTO:**
Zu seiner Zeit der schönste und schnellste, heute auch der teuerste Gran Turismo der Welt

Feuchte Handflächen, Herzklopfen und eine gewisse Zerstreuung sind eindeutige Zeichen von Erregung – peinlich, wenn es nur wegen einer Probefahrt ist, aber verzeihlich, wenn es sich dabei um einen von nur 39 gebauten Ferrari 250 GTO handelt.

Wie wird er sein, der zu seiner Zeit schönste und schnellste und heute teuerste Gran Turismo der Welt? Lammfromm oder ein bösartiges, heimtückisches Biest?

Zahlreiche Legenden ranken sich um ihn, und nicht nur bei einem Motor-Klassiker entfacht er eine Begeisterung wie seit kurzem der Name Schumacher in Italien.

Der GTO ist im Prinzip aus dem 250 SWB hervorgegangen und kompromisslos auf schnelles Fahren getrimmt. Und dass er seiner Aufgabe gerecht wurde, stellte er in den Jahren 1962 bis 1964 bei zahlreichen Renneinsätzen klar unter Beweis. Dreimal sorgten die GTO für den Gewinn der GT-Weltmeisterschaft.

Auch das Exemplar mit der Fahrgestellnummer 4293 GT hatte sein Scherflein dazu beigetragen. Es belegte 1963 beim 24-Stunden-Rennen von Le Mans und beim 12-Stunden-Rennen in Reims den ersten Platz in seiner Klasse. Im Dezember des Jahres 2000 sollte es schließlich zu neuem Ruhm gelangen und bei der Brooks-Auktion in der Schweiz für mindestens 20 Millionen Mark

Der Motor reagierte ausgesprochen giftig auf Gaspedalbewegungen, dafür zeigte sich das Fahrwerk überaus gutmütig in seinem Kurvenverhalten.

versteigert werden. Allein: Auch der eifrigste Bieter wollte über 18 Millionen nicht hinausgehen – der GTO blieb unverkauft.

Genau dieses Auto steht jetzt vor mir – ein für mich unerschwinglicher Traum in Rot. Trotz der Bemühungen des Ingenieurs Giotto Bizzarrini um eine möglichst aerodynamische Form, was bei Ferrari zuvor eher Nebensache war, ist ihm eine atemberaubend schöne

Historie

1961

Ein Prototyp des GTO läuft in Le Mans.

1962

Der GTO, dessen Typenbezeichnung für Gran Turismo Omologato steht, ist Ferraris Trumpfkarte in der Markenweltmeisterschaft der GT-Fahrzeuge, die er in diesem und in den beiden folgenden Jahren gewinnt. Mit der Entwicklung des Autos sind Namen wie Giotto Bizzarrini und Carlo Chiti verknüpft, die aber im Zwist mit Ferrarri aus der Firma ausscheiden. Mauro Forghieri führt das Projekt zu Ende. Am 24. Februar 1962 wird der GTO der Presse vorgestellt, zunächst noch ohne Heckspoiler.

1964

Bis Mai 1964 entstanden insgesamt 39 Exemplare, darunter drei mit Vierlitermotor. Darin enthalten sind ferner drei GTO mit der nicht mehr so spektakulären Serie II-Karosse, die auch vier bereits gebauten Serie I-Modellen zuteil wurde.

1965

Ein GTO wird mit Drogo-Karosse versehen, später aber wieder in den Urzustand versetzt.

Der V-Zwölfzylindermotor besaß 2953 cm³ Hubraum, seine Leistung lag zwischen 290 und 304 PS bei 7500 Umdrehungen pro Minute.

Die blanke Alukugel am Ende des Schalthebels reichte bis zur Höhe der Lenkradnabe und war so auf kürzestem Weg erreichbar.

Komposition aus Aluminium gelungen. Dieses Auto hat keine Schokoladenseite, es wirkt aus allen Perspektiven attraktiv.

Die herrlichen Rundungen der Kotflügel animierten schon viele Betrachter zu Vergleichen mit weiblichen Formen. Doch welche Frau wird diesem Auto gerecht? Vielleicht Gina Lollobrigida, die damals in voller körperlicher Blüte stand. Aber die Lollo war weder alltagstauglich noch übermäßig spurtfreudig – Qualitäten, die der

Dieses Auto hatte keine Schokoladenseite, es wirkte aus allen Perspektiven gleichermaßen attraktiv.

EG
8134

Die herrlichen Rundungen der Kotflügel animierten schon viele Betrachter zu Vergleichen mit weiblichen Formen.

hochgezüchtete GTO vereint und die zur Legendenbildung beigetragen haben.
So erinnert sich Jacques Swaters, der die Einsätze des belgischen Rennstalls Écurie Francorchamps leitete, an eine Tour nach Paris: »Gegen zehn Uhr wollten die Jungs plötzlich zum Montmatre. Also setzten wir uns in die beiden GTO, an denen noch die Startnummern und der ganze Renndreck klebten, und feierten im Bois de Nuit bis frühmorgens. Die beiden Le-Mans-Rennwagen standen draußen vor dem Nachtclub auf dem Parkplatz.«
Einer davon war übrigens unser Exemplar mit der Chassisnummer 4293 GT. Vorsichtig öffne ich die Fahrertür, die so leicht ist wie der Deckel einer Zigarrenschachtel. Wahrscheinlich genügt ein laues Lüftchen, um sie aus den Scharnieren zu reißen, aber die Konstrukteure kämpften um jedes Gramm Gewichtseinsparung.
So entbehrt die Alutür jeglicher Innenverkleidung, und das seitliche Schiebefenster besteht aus dünnem Plexiglas. Auch der Wagenboden und das Dach haben keine Verkleidung, sind dafür aber in goldmetallic lackiert.
Der Innenraum hat die Anmutung eines Backofens, was sicherlich im Sommer zutrifft, wenn die Sonne den Motor und das Getriebe beim Aufheizen der Kabine unterstützt. Aber wer lässt sich nicht gerne in einem GTO grillen?
Und damit die unteren Extremitäten der Passagiere nicht anbrennen, lenkt auf jeder Seite ein kleiner Plexiglasschirm den kühlen Fahrtwind durch eine Öffnung in der Motorhaube in einen Kanal, der direkt in den Fußraum mündet.
Einen solch schnellen Weg ins Innere würde auch der Fahrer begrüßen. Denn obwohl er die Tür benutzen darf, erweist sich der knappe Raum zwischen dem Lenkrad und den weit hervorstehenden Seitenwülsten der blauen Sitzschale als Engpass.
Glücklicherweise bin ich von kleinem italienischen Format und gelange ohne stecken zu bleiben auf den Fahrersitz. Hier lege ich zunächst einige Gedenkminuten ein, versuche, etwas Rennluft aus vergangenen Tagen zu schnuppern und studiere dabei den spartanischen Passagierraum.
Im Schwellen- und A-Säulenbereich stellt sich die komplexe Rohrrahmenkonstruktion, auf der die Karosserie ruht, ungeniert den Blicken des Betrachters. Die sichtbaren Schweißnähte tragen nicht gerade die Handschrift eines Meisters und ergänzen den Eindruck, dass etliche Details hier drinnen improvisiert sind.
Dazu zählen die drei Röhren unterhalb der Frontscheibe, durch die über ein Gebläse die Scheibe beschlagfrei gehalten wird, und das Armaturenbrett, das sich als ein primitives, mit schwarzem Schrumpflack überzogenes Alublech entpuppt und ein stabiles Querrohr verbirgt.

Außer für das Ersatz-Rad mit Dunlop-Racing-Reifen war hier nicht viel Platz.

EG

▶ Trotz der Bemühungen des Ingenieurs Giotto Bizzarrini um ein Höchstmaß an Aerodynamik war ihm eine atemberaubend schöne Komposition aus Aluminium gelungen.

▶ Die Instrumentierung umfasste einen Drehzahlmesser und kleinere Anzeigen für Öldruck, Öltemperatur, Benzindruck, Wassertemperatur und Tankinhalt. Ein banaler Geschwindigkeitsmesser gehörte nicht zur Ausstattung.

▶ Von außen klang der V12 eher angenehm, auch wenn mit wachsender Drehzahl der volle dunkle Ton in ein hochfrequentes Singen überging. Aber im Innenraum war die Hölle los.

Der Beifahrer muss sich mit einer schräg in seinem Fußraum verlaufenden Verstrebung arrangieren und genießt die Aussicht auf zwölf Sicherungen, diverse Relais und den Scheibenwischermotor. In seinem Rücken mündet der Einfüllstutzen für den Öltank, der von

▶ Der Besitzer dieses GTO wollte den Wagen zwar versteigern, aber ein Höchstgebot von 18 Millionen Mark war ihm dann doch noch zu niedrig.

außen über eine Klappe mit russischem DZUZ-Verschluss zugänglich ist.
Die Sitzposition hinter dem Lenkrad empfinde ich als optimal. Bei einer Größe von 1,70 Meter steht mir genügend Kopffreiheit zur Verfügung. Die stehend angeordneten Pedale sind gut erreichbar und haben untereinander so viel Abstand, dass nicht zwangsläufig schmales Schuhwerk erforderlich ist. Für den Kupplungsfuß gibt es sogar ein Ruhebänkchen.
Mein letzter Blick vor dem Start gilt der Instrumentierung, die einen Drehzahlmesser und kleinere Anzeigen für Öldruck, Öltemperatur, Benzindruck, Wassertemperatur und Tankinhalt umfasst. Ein banaler Geschwindigkeitsmesser gehört nicht zur Ausstattung, denn er fällt wie vieles andere in die Kategorie entbehrlicher Luxusaccessoires.
Längst ist meine anfängliche Nervosität der Neugier gewichen, als ich am rechts vom Lenkrad befindlichen Schlüssel drehe, um die Zündung einzuschalten. Mit dem Daumen drücke ich einen kleinen Kippschalter am Armaturenbrett nach oben und animiere damit den GTO zu einem allerersten Lebenszeichen.

▶ **Feuchte Handflächen, Herzklopfen und eine gewisse Zerstreuung – ganz normale Symptome, wenn es um eine Fahrt in diesem Überauto geht.**

▶ **Der GTO war im Prinzip aus dem 250 SWB hervorgegangen und ist kompromisslos auf schnelles Fahren getrimmt.**

Klackernd beginnen die Benzinpumpen zu arbeiten. Der Zeiger der Benzindruckanzeige rappelt sich bis zu einem Wert von knapp vier bar auf, und dann ist von den Pumpen nur noch ein träges Klack, Klack zu hören. Der Motor ist startklar.
Wieder greife ich zum Schlüssel, denn das Zündschloss ist mit einem Starterknopf kombiniert. 1, 7, 5, 11, 3, 9, 6, 12, 2, 8, 4, 10 – es ist kein missglückter Countdown, sondern die Zündfolge des Zwölfzylindermotors. Aber alle Zylinder scheinen gleichzeitig zu zünden, als er mit einem kräftigen Vroom anspringt. Schon bei Leerlaufdrehzahl dröhnt und brabbelt es vielversprechend böse aus den vier Auspuffrohren.
Ich trete das schwergängige und mit einem endlosen Weg aufwartende Kupplungspedal und greife zu der blanken Alukugel am Ende des Schalthebels, die bis zur Höhe der Lenkradnabe reicht und so auf kürzestem Weg erreichbar ist. Der erste Gang befindet sich links hinten, und als ich dann beim Anfahren mit etwas erhöhter Drehzahl einkupple, rutscht das Wagenheck auf dem feuchten Asphalt sofort etwas zur Seite, weil der nötige Grip fehlt. Schon die ersten Meter mit diesem Auto vermitteln bleibende Eindrücke.
Neben der harten Federung und den spürbaren Vibrationen des Bodenblechs beeindruckt mich vor allem eines: das Geräusch. Von außen klingt der GTO eher angenehm, auch wenn mit wachsender Drehzahl der volle dunkle Ton in ein hochfrequentes Singen übergeht. Aber im Innenraum ist die Hölle los.
Die fehlende Isolierung und die Tatsache, dass ständig ein anderes Alublech zu Resonanzschwingungen angeregt wird, sorgen dafür, dass bei etwa 3000/min keine Unterhaltung mehr möglich ist. Bei 4000/min sind die Angstschreie des Beifahrers nicht mehr hörbar und bei 5000/min klingt es wie eine Kreissäge, die sich gleich verkantet. Ein Blick auf den Drehzahlmesser belehrt mich, dass Nehmerqualitäten gefragt sind, denn der Schleppzeiger steht bei 8300/min.
Wer mit dem GTO richtig schnell sein will, muss seinen Ohren einiges zumuten, zumal sich erst ab 5000/min die bis zu 300 PS des Dreilitermotors so richtig in Szene setzen und den etwas über 1000 Kilogramm schweren Wagen vehement nach vorne katapultieren.
Eine Beschleunigung von etwa fünf Sekunden auf Hundert und eine Höchstgeschwindigkeit von rund 300 km/h bei längster Hinterachsübersetzung waren Anfang der 60er Jahre sensationell und genügen im Zusammenspiel mit dem kreischenden Zwölfzylinder noch immer, um auf jeder Landstraße echte Rennatmosphäre aufkommen zu lassen.
Unwillkürlich frage ich mich, wieso es eine Bushaltestelle an der Strecke gibt und warum die Zielgerade in einer Ortschaft endet. Alltagssituationen wie eine Stadtfahrt

sind für den GTO übrigens wirklich kein Problem. Das 20-Liter-Reservoir der Trockensumpfschmierung und die drei Ölkreisläufe helfen, das Triebwerk selbst bei Kolonnenfahrt vor einem Hitzekollaps zu bewahren.
Doch am meisten Spaß bereitet es, die giftigen Reaktionen des Motors auf Gaspedalbewegungen auszukosten und den GTO von Kurve zu Kurve zu jagen. Dank des kurzen Radstands von 2,4 Metern erweist er sich als ausgesprochen wendig. Die Lenkung arbeitet überraschend leicht und exakt, ist aber ein sensibler Sensor für jede kleine Unebenheit, die den Dunlop-Racing-Reifen im Weg steht.
Die Fahrwerksauslegung und der niedrige Schwerpunkt, der sich durch den tief im Rahmen montierten Motor ergibt, sorgen für ein so gutmütiges Kurvenverhalten, dass ich die feuchten Handflächen und das Herzklopfen längst vergessen habe. Aber dafür werde ich in den nächsten Tagen taub sein. Und glücklich.

Text: Bernd Woytal
Fotos: Achim Hartmann

1963 gewann dieser Wagen mit einem Schnitt von 181,097 km/h in Le Mans die GT-Klasse und wurde Zweiter in der Gesamtwertung.

Daten & Fakten Ferrari 250 GTO

Motor
V-Zwölfzylindermotor, Block aus Silumin, Ventildeckel aus Magnesium, zwei obenliegende, kettengetriebene Nockenwellen, Bohrung x Hub 73 x 58,8 mm, Hubraum 2953 cm³, Leistung zwischen 290 und 304 PS bei 7500/min, sechs Weber-Doppelvergaser 38 DCN

Kraftübertragung
Einscheiben-Trockenkupplung, Fünfganggetriebe

Karosserie/Fahrwerk
Alukarosserie auf Rohrrahmen, vorne Einzelradaufhängung, doppelte Dreiecksquerlenker, Schraubenfedern, Stabilisator, hinten Starrachse, Blattfedern, kleine Schraubenfedern, Wattgestänge, Scheibenbremsen

Maße/Gewicht
Radstand/Länge 2400/4320 mm, Breite/Höhe 1600/1210 mm, Gewicht 1077 kg (rennfertig)

Fahrleistungen/Verbrauch
Höchstgeschwindigkeit 285 km/h*, Verbrauch 36,17 Liter/100 km**

* für Testexemplar bei 8000/min
** Wert aus dem Le-Mans-Rennen von 1963

Clubs
Ferrari Club Deutschland e.V., Dröttboomshof, D-46519 Alpen
www.ferrari-club-deutschland.de

Ferrari Owners Club Deutschland, Suitbertusstraße 178, D-40223 Düsseldorf 1, www-ferrari-owners-club.de

1966

Alfa Romeo Spider 1750

▶ *Der Alfa Spider begann seine Karriere 1966 als Zweisitzer, mit einem Doppelnockenwellen-Motor mit 1600 Kubikzentimetern, dem Beinamen Duetto und rundem Rücken. Gerade das damals umstrittene Heck spiegelt im heutigen Neonlicht den Geist der Sechziger.*

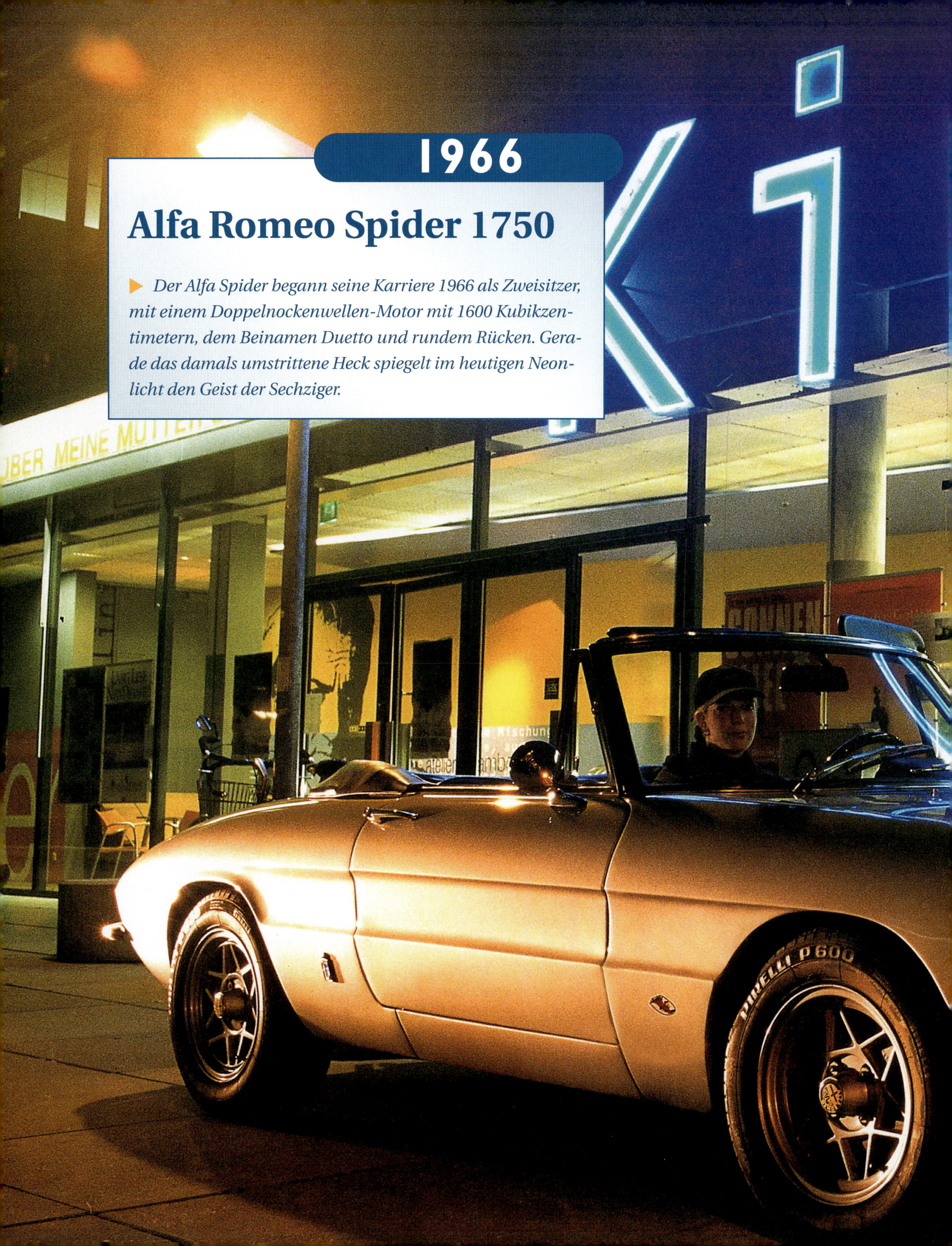

▶ Der viel zitierte Auftritt in Mike Nichols Film »Die Reifeprüfung« machte den Spider in den USA bekannter als es eine noch so ausgeklügelte Werbestrategie vermocht hätte.

Die Welt war noch jung, damals, als der Duetto auf dem Genfer Salon präsentiert wurde. Ludwig Erhard war gerade CDU-Vorsitzender geworden, Albert Speer und Baldur von Schirach verließen im Heckflossen-Mercedes das Spandauer Gefängnis und Dustin Hoffman ahnte noch nicht, dass er bald in einem roten Spider auf Dienstfahrt gehen sollte. Die Blumenkinder-Bewegung formierte sich gerade zaghaft in Haight-Ashbury, in Deutschland fielen die ersten Starfighter aus den Wolken, und *auto motor und sport* testete unter der Überschrift »Eine runde Sache« den neuen offenen Alfa.

»Wo sonst«, zog Tester Manfred Jantke Bilanz, »gibt es einen Zweinockenwellenmotor, ein Fünfganggetriebe, vier Scheibenbremsen, Gürtelreifen und ein Leistungsgewicht von unter 10 kg/PS in effektvoller Verpackung für 13 000 Mark?« Gerade die Verpackung, die runde Sache, verhalf dem Spider zu einem gelungenen Start.

Der viel zitierte Auftritt in Mike Nichols Film »Die Reifeprüfung« machte den Spider in den USA bekannter als es eine noch so ausgeklügelte Werbestrategie vermocht hätte. Die Statistenrolle prägte sein Bild bis in die Gummilippen-Ära: Die US-Version des Spoiler-Spider wurde unter dem Namen »Graduate«, dem Originaltitel des Films, so erfolgreich unter die Leute gebracht, dass er die mageren Jahre bis zur Roadster-Renaissance der Neunziger mühelos überlebte.

Wie avantgardistisch und schnörkellos der Duetto im Genfer Frühling 1966 auf die Salonbesucher gewirkt haben mag, kann man sich ausmalen – wenn man den barocken, stilistisch in den fünfziger Jahren verankerten Giulia Spider 1600 in Gedanken daneben stellt. Eine wirkliche Überraschung war die Form allerdings nicht. Mehrere Pininfarina-Prototypen vom Superflow bis zum Spider Speciale Aerodinamico deuteten die Gestalt des Duetto schon fünf Jahre vor dessen Erscheinen an.

Ungeteilte Zustimmung blieb dem mutigen Design von Großmeister Pininfarina freilich verwehrt. Von »gewöhnungsbedürftig« bis »hässlich« lautete das Urteil der Fachpresse, der vor allem die Heckpartie des Spider, der damals noch gar nicht Duetto hieß, missfiel.

Wesentlich mehr Beifall gab es für die Technik. Motor, Getriebe und Fahrwerk waren bekannte Größen, die in der Giulia Ti und im Bertone GT bereits für Vorsprung durch Technik gesorgt hatten, als man bei der Auto Union noch darüber nachdachte, ob man sich wirklich vom Zweitakter verabschieden sollte.

Der traditionelle Doppelnockenwellen-Motor glänzte im neuen Spider in Bestform: Der 1600er leistete 109 PS, was einer Literleistung von fast 70 PS/L entsprach; Zahlen, die man sonst nur von kapriziösen, vielzylindrigen

Historie

1956
In der Pininfarina-Studie Super Flow Disco Volante tauchen die ersten Grundzüge des Duetto-Designs auf.

1961
Der Prototyp Spider Speciale Aerodinamico unterscheidet sich fast nur durch die Klappscheinwerfer und die Kunststoff-Verglasung vom späteren Serien-Duetto.

1966
Präsentation des Spider 1600 Duetto in Genf.

1968
Im Januar wird der 1750 Veloce vorgestellt, der 1300 Junior folgt im Juni. Die Produktion des 1600 wird eingestellt, der Name Duetto entfällt.

1969
Im Oktober wird der Fastback in Turin gezeigt.

1970
Produktion des Rundheck läuft aus. Rund 15 000 Exemplare wurden gebaut, davon etwa 4600 als 1750.

Dem 1600 war kein langes Leben beschieden. 1968 wurde er durch den 1300 und den 1750 ersetzt. Gleichzeitig entfiel der Name Duetto, die Neuen hießen Junior und Veloce.

Triebwerken gewohnt war. Kombiniert mit dem exakt schaltbaren Fünfganggetriebe verfügte der Alfa damit über eine Antriebseinheit, wie sie sonst nur wesentlich teurere Sportwagen zu bieten hatten.

Nicht weniger sportlich präsentierte sich das Fahrwerk mit seiner aufwendig geführten hinteren Starrachse, den einzeln an Querlenkern aufgehängten Vorderrädern und den vier Scheibenbremsen.

Obwohl die technischen Komponenten des Duetto im wesentlichen der Vorgänger-Baureihe Giulietta/Giulia entstammten, waren sie Mitte der sechziger Jahre ihrer Zeit so weit voraus, dass sie bis 1993 fast unverändert aktuell blieben. Der Doppelnockenwellen-Motor hat in seinen Grundzügen sogar die Produktionseinstellung des Spider überlebt – als Twin Spark in der aktuellen Alfa-Modellpalette.

Einen passenden Namen für das neue Auto zu finden, schien viel schwieriger gewesen zu sein als die Wahl der Antriebstechnik. Eigentlich war es ja ein Giulia Spider, doch so hieß bereits das Vorgängermodell. Die Entwickler in Arese nannten den Spider »Osso di Sepia«, ein Name, der seinen Weg bis in die Werbekampagne des deutschen Alfa-Importeurs fand.

Die Geschichte vom Preisausschreiben zur Namensfindung ist bekannt. Das Wort »Duetto« machte das Rennen und der glückliche Einsender Guidobaldo Trionfi durfte als Lohn für seine Kreativität fortan Spider fahren.

Dem 1600 war kein langes Leben beschieden. 1968 wurde er durch den 1300 und den 1750 ersetzt. Gleichzeitig

▶ **In welcher Fahrzeug-Generation auch immer: Unter dem eleganten Pininfarina-Kleid verbarg sich im Prinzip stets der gleiche lebendige Sportwagen.**

entfiel der Name Duetto, die Neuen hießen Junior und Veloce. So ist der hier präsentierte silberne Duetto von 1968 streng genommen keiner mehr, es ist schlicht ein 1750 Veloce. Auch wenn sich der Veloce in vielen Details vom 1600 Duetto unterscheidet, der Volksmund weiß es besser: Alle Rundheck-Spider sind Duetto.

Immerhin ist die falsche Bezeichnung zeitgenössisch. Denn bereits im ersten Test der neuen Spider-Versionen in *auto motor und sport* war von der Duetto-Familie die Rede. Der bullige 1750 begeisterte Manfred Jantke, der erneut im Spider Platz nehmen durfte: »Nur eine Minderheit von ganz Schnellen kann einem das Leben sauer machen, sofern sie über ein ähnlich gutes Fahrwerk verfügt.«

Ganz so ist das heute nicht mehr, trotz der 115 PS bei gerade mal 1010 Kilogramm Leergewicht. Die Fahrleistungen reichen aber immer noch, um auf Landstraßen rund 150 PS starke, moderne Mittelklasse-Autos richtig alt aussehen zu lassen.

S AR 175

▶ Gerade das damals umstrittene Heck spiegelt im heutigen Neonlicht den Geist der Sechziger.

▶ Das nachgerüstete Nardi-Lenkrad und die fünf chromgeränderten Instrumente erfreuen das Auge.

▶ Bei Vollgas jubelte der 1779 Kubikzentimeter große Vierzylinder locker bis 6000 Touren, klang dabei wie Alfa-Motoren immer schon klangen: nach der puren Lust am Gasgeben.

Bereits bei 3000 Umdrehungen liegt das Drehmomentmaximum von 169 Nm an. Bei Vollgas jubelt der 1779 Kubikzentimeter große Vierzylinder locker bis 6000 Touren, klingt dabei wie Alfa-Motoren immer schon klangen: nach der puren Lust am Gasgeben.
Auch die Sitzposition ist vertraut, das Lenkrad versperrt den Beinen den direkten Weg zu den Pedalen, die ruhig ein wenig weiter auseinander stehen könnten. Ungewohnt ist nur, dass sie stehend angebracht sind. Der Duetto scheint ausgewachsenen Mitteleuropäern sogar etwas mehr Lebensraum zu gönnen als seine Nachfol-

Sportlich präsentierte sich das Fahrwerk mit seiner aufwändig geführten hinteren Starrachse, den einzeln an Querlenkern aufgehängten Vorderrädern und den vier Scheibenbremsen.

ger, was aber an dem etwas weniger ausladenden Mobiliar liegen mag.

Handgas und Choke sind links unter dem Armaturenbrett platziert. Bei normalen Außentemperaturen braucht man zum Starten beide nicht. Die beiden Dell' Orto-Doppelvergaser zieren sich allerdings ein wenig. Zu forsches Öffnen der Drosselklappen beantworten sie mit spontaner Arbeitsverweigerung. Erst wenn Kühlwasser und Öl angenehm temperiert sind, zeigen sie sich bei Laune.

Das gilt auch für das Getriebe. Wenn das Öl zwischen den Zahnrädern richtig warm wird, flutscht der direkt an den Schaltstangen sitzende Hebel fast von selbst in die richtige Position. Die Porsche-Synchronisation der Alfa-Schaltbox, einstmals für leichte Schaltbarkeit berühmt, wird heute zur Lehrstunde in angewandter Mechanik: Man fühlt es im Handgelenk, wie sich die beiden Sperrbänder gegen die Sperrsteine pressen, der Synchronring gegen die Schaltmuffe gedrückt wird, die Innenverzahnung schließlich einrastet und den Kraftfluss herstellt. Das alles dauert ungefähr genau so lange, wie es sich hier liest. Und wer sich diese Zeit beim Gangwechsel auch nimmt, wird mit einem ewig jungen Getriebe für seine technische Feinfühligkeit belohnt. Dieses ganz spezielle Schaltvergnügen blieb dem Spider bis zuletzt erhalten.

Überhaupt sind die Unterschiede zwischen den verschiedenen Spider-Generationen geringer als es Aussehen, Alter und Preis vermuten lassen. Der Duetto ist schöner, spontaner, lauter und seltener als seine Nachfolger. Und er machte den Alfa zum Spider schlechthin. Genau so wie ein Jeep ein Willys und ein GTI ein Golf ist. Womit sich auch das wahre Geheimnis der Erfolgsstory des Spider offenbart: Unter dem eleganten Pininfarina-Kleid, dem auch die Spoiler der Achtziger nicht wirklich etwas anhaben konnten, war er immer der gleiche lebendige Sportwagen für Leute, denen die unerreichte Leichtigkeit des Fahrens wichtiger ist als Modetrends, Spaltmaße oder rostende Schweller.

Text: Heinrich Lingner
Fotos: Reinhard Mutschler

▶ Ungeteilte Zustimmung blieb dem mutigen Design von Großmeister Pininfarina verwehrt. Von »gewöhnungsbedürftig« bis »hässlich« lautete das Urteil der Fachpresse, der vor allem die Heckpartie des Spider missfiel.

Daten & Fakten Alfa Romeo Spider 1750

▶ Motor
Reihenvierzylinder, hängende Ventile, betätigt durch zwei oben liegende Nockenwellen und Tassenstößel, zwei Doppelvergaser, Bohrung x Hub 80 x 88,5 mm, Hubraum 1779 cm³, Leistung 115 PS bei 5000/min, maximales Drehmoment 169 Nm bei 3000/min

▶ Kraftübertragung
Antrieb auf die Hinterräder, Einscheiben-Trockenkupplung, Fünfgang-Schaltgetriebe, wahlweise Sperrdifferenzial

▶ Karosserie/Fahrwerk
Selbsttragende Stahlblechkarosserie, vorn Einzelradaufhängung an Querlenkern, Schraubenfedern und Teleskop-Stoßdämpfern, Stabilisator, hinten Starrachse an Längslenkern, Schraubenfedern und Teleskop-Stoßdämpfern, Reaktionsdreieck, Stabilisator, Scheibenbremsen vorn und hinten

▶ Maße/Gewicht
Länge/Radstand 4250/2250 mm, Breite/Höhe 1630/1290 mm, Leergewicht 1010 kg (vollgetankt)

▶ Fahrleistungen/Verbrauch
0-100 km/h 10,4 s, Höchstgeschwindigkeit 187 km/h

▶ Neupreis 1968
13 575 Mark, Hardtop 1100 Mark

▶ Clubs
Alfa Classic Club e.V., Wolfgang Dietrich, Hauptstr. 25, D-76877 Offenbach, Tel. 06348/5329, Fax 1893, E-mail: dieringer-dietrich@t-online.de, www.alfa-classic-club.de

Alfaclub, Geschäftsstelle, Porschestraße 10, D-32107 Bad Salzuflen, Tel. 05222/ 4265, Fax 05222/4966

▶ Wer die Silhouette des De Tomaso Mangusta im Rückspiegel sah, gab spontan die Überholspur frei.

1966

De Tomaso Mangusta

Rotwild

▶ *Zu Beginn der zweiten Hälfte der sechziger Jahre bereicherte die kleine Firma De Tomaso den Kreis der Supersportwagen um den Mangusta. Noch heute beeindruckt die wilde Mischung aus südländischer Grazie und amerikanischer Gewalt.*

Wer die Silhouette des De Tomaso Mangusta im Rückspiegel sieht, gibt spontan die Überholspur frei. Denn der nur hüfthohe und breite Wagen wirkt, als habe er sich zufällig von der Rennpiste auf die Straße verirrt. In gewisser Weise trifft das sogar zu, denn sein Stammbaum ist mit dem Rennsport verwurzelt.

Der Argentinier Alejandro De Tomaso hatte von einer Karriere als Rennfahrer geträumt. Doch bald merkte er, dass seine Talente eher dazu geeignet waren, Rennwagen zu bauen, als sie zu fahren. 1959 gründete er in Italien die Firma De Tomaso Automobili, in deren bescheidener Werkstatt sogar Formel-1-Renner entstanden.
Den Mangusta stellte De Tomaso 1966 vor. Dieser Wagen

war zwar für den Einsatz auf öffentlichen Straßen gebaut worden, aber dennoch ist er mehr auf Schnelligkeit als auf Alltagstauglichkeit ausgerichtet. So weisen die Türen im Sinne guter Aerodynamik keine hervorstehenden Türgriffe auf, sondern in verchromten Rosetten versenkte Knöpfe, die an eine noble Hausklingel erinnern. Allerdings wird damit nicht geläutet, sondern die Pforte

Dieser Wagen war zwar für den Einsatz auf öffentlichen Straßen gebaut worden, aber dennoch mehr auf Schnelligkeit als auf Alltagstauglichkeit ausgerichtet.

Wer versuchte, die Kurven-Grenzgeschwindigkeiten der Flunder auszuloten, musste damit rechnen, von einem tückisch ausbrechenden Heck überrascht zu werden.

entriegelt, die den Weg in den knapp geschnittenen Passagierraum freigibt.

Der Fahrer gleitet in eine der beiden zierlichen, lederbezogenen Sitzschalen hinab, die dicht am Boden befestigt sind. Die Lehne ist starr und so kurz, dass sie den Schultern keinen Halt mehr gibt. Ein Mangusta-Fahrer sollte von kleiner Statur sein, nicht größer als einsfünfundachtzig, sonst muss er gebückt sitzen. Ferner ist schlankes Schuhwerk empfehlenswert, um die Pedale einzeln zu treffen, die wegen des weit ins Innere reichenden Radkastens sehr eng beisammen sitzen.

▶ **Der Motor, ein amerikanisches Großserienaggregat von Ford, verbarg sich unter den wie Flügel aufstellbaren hinteren Hälften der von Giorgetto Giugiaro entworfenen Karosserie.**

Die Pedale sitzen wegen des weit ins Innere reichenden Radkastens sehr eng beisammen.

Der breite und nur hüfthohe Wagen wirkt, als habe er sich zufällig von der Rennpiste auf die Straße verirrt.

Eine gewisse Ähnlichkeit mit einem gefräßigen Haifisch lässt sich kaum leugnen.

Das Armaturenbrett erweist sich seiner Bezeichnung als würdig, denn es ist tatsächlich ein schwungloses Brett, in das einige Rundinstrumente eingesetzt wurden. Nach rechts schließt sich eine Gruppe von Kippschaltern an, aufgereiht wie eine in Linie angetretene Kompanie Soldaten.

Dies mag auf den ersten Blick simpel erscheinen, aber der Mangusta ist kein Luxusdampfer, sondern eine Fahrmaschine. Das belegen der in offener Kulisse geführte Schalthebel oder das kleine hölzerne Lenkrad, das zwecks erhöhter Griffigkeit zwei mit Leder ummantelte Segmente besitzt. Eindeutig wird die Sache beim Blick auf den Tacho, 300 km/h klingen vielversprechend und erhöhen den Pulsschlag des Fahrers.

Der legt zunächst den Hosenträgergurt an. In halb liegender Position tritt er die Kupplung und muss dabei einen Widerstand überwinden, als gelte es, den gesamten Vorderbau weg zu treten. Endlich kann der Zündschlüssel gedreht werden. Der direkt im Rücken der Passagiere als Mittelmotor eingebaute V8 mit 4,7 Liter Hubraum erwacht sofort. Dezent brabbelnd lauert er im Leerlauf.

Mit verhaltenem Kraftaufwand lässt sich der Schalthebel nach links hinten durch die Kulisse ziehen. Der erste Gang ist eingelegt, und fast ohne Gas zu geben kann eingekuppelt werden. Der laut Werksangabe 305 PS starke Motor bietet selbst niedertourig ein deftiges Drehmoment, aber noch heftiger nach vorne reißt es den knapp 1400 Kilogramm wiegenden Flachmann bei Drehzahlen jenseits von 1500/min. Dabei ist es unerheblich, welcher der fünf Gänge gerade eingelegt ist. Ein leichter Druck aufs rechte Pedal ermöglicht blitzartige Überholvorgänge, dabei bollert und ballert es grimmig aus den vier Endrohren der Auspuffanlage.

Autotester Paul Frère beschleunigte den Mangusta in sechs Sekunden von null auf 100 km/h, für den fast 70 PS stärkeren Lamborghini Miura blieben die Stoppuhren bei 6,5 Sekunden stehen. Mit diesem Wert zählte der Mangusta in den Sechzigern zu den Schnellsten auf der Straße.

Das Kraftwerk, das solche Sprintorgien ermöglicht, verbirgt sich unter den wie Flügel aufstellbaren hinteren Hälften der von Giorgetto Giugiaro entworfenen Karosserie. Das amerikanische Großserienaggregat von Ford ersparte De Tomaso die teure Entwicklung eines eigenen Triebwerks, womit der Mangusta mit einem Preis von 60 000 Mark um 10 000 Mark billiger angeboten werden konnte als der Miura mit aufwendigem V 1 2-Motor.

Ein besonderes Augenmerk verdient das Zentralträger-Chassis des Mangusta. Es bietet mit Einzelradaufhängung an Querlenkern, schräg gestellten Feder- und Dämpfer-Einheiten sowie zwei Zugstreben auf jeder Seite der Hinterachse Rennwagentechnik für die Straße. Doch einige Autotester stempelten den Mangusta zur Bestie. Sie hatten versucht, die Kurven-Grenzgeschwindigkeiten der Flunder auszuloten und waren vom tückisch ausbrechenden Heck überrascht worden.

Der Journalist und Fahrwerkstechniker Paul van Valkenburgh analysierte daraufhin das Fahrverhalten. Sein Ergebnis: Im Grenzbereich hebt das kurvenäußere Hinterrad plötzlich aus, während das innere einknickt. Doch nicht alle Tester wurden mit unfreiwilligen Drehern konfrontiert, denn kein Mangusta gleicht dem anderen. Ständig waren nicht dokumentierte Verbesserungen in die Produktion eingeflossen.
Das Chassis war übrigens der Ableger einer Zusammenarbeit mit dem Amerikaner Carroll Shelby, dem Vater des legendären Cobra. Gemeinsam hatte man einen Prototyp für den Rennsport entwickelt, doch Shelby stieg vorzeitig aus dem Projekt aus. Das hatte De Tomaso ihm übelgenommen. So nannte er seinen Sportwagen Mangusta, die italienische Bezeichnung für den indischen Mungo – ein Tier, das Cobras töten kann.

Text: Bernd Woytal
Fotos: Reinhard Mutschler

▶ Der De Tomaso Mangusta beeindruckte durch seine wilde Mischung aus südländischer Grazie und amerikanischer Gewalt.

Daten & Fakten De Tomaso Mangusta

▶ Motor
Achtzylinder-V-Motor 90 Grad, Bohrung x Hub 101,6 x 72,89 mm, Hubraum 4728 cm³, Verdichtung 9,85:1, Leistung 305 PS bei 6200/min, maximales Drehmoment 56,75 mkg bei 3500/min; fünffach gelagerte Kurbelwelle, zentrale Nockenwelle, über Stoßstangen und Kipphebel betätigte hängende Ventile, Gemischaufbereitung durch einen Fallstrom-Vierfachvergaser

▶ Kraftübertragung
Hinterradantrieb, Einscheiben-Trockenkupplung, synchronisiertes Fünfganggetriebe, Übersetzungen: I. 2,42, II. 1,47, III. 1,09, IV. 0,9581, V. 0,846, Achse 4,22

▶ Karosserie/Fahrwerk
Halbselbsttragende Karosserie, Zentralträger-Chassis, vorne Einzelradaufhängung mit Querlenkern und Schraubenfedern; Teleskopdämpfer und Querstabilisator; hinten Einzelradaufhängung mit Zugstreben und Querlenkern; Querstabilisator, Schraubenfedern und Teleskopstoßdämpfer; Zahnstangenlenkung; Scheibenbremsen; Reifen vorn 185 VR 15, hinten 235 VR 15

▶ Maße/Gewicht
Radstand/Länge 2500/4275 mm, Breite/Höhe 1830/1100 mm, Gewicht 1360 kg

▶ Fahrleistungen/Verbrauch
Beschleunigung 0-100 km/h 6 s, Höchstgeschwindigkeit 242 km/h

▶ Clubs
De Tomaso Club Schweiz, Rene Killer jr., Gyrhaldenstraße 36, CH-8953 Dietikon, Tel. + Fax 0041/1/7415653; De Tomaso Owners Club Germany, Michael Winkler, Kaiserstraße 15a, 12209 Berlin, Tel. + Fax 030/7723565

1966

Bizzarrini GT Strada 5300

Die gelungene Mischung aus italienischem Styling und amerikanischem Motorenbau machte den Bizzarrini zum Konkurrenten der Sportwagen-Elite von Ferrari und Maserati.

Der Bizzarrini war kein langweiliges Alltagsauto, sondern ein Abenteuer, das Spaß und jede Menge neuer Erfahrungen bereithielt.

Bizzarrini werden nicht gebaut, sie werden geboren, schrieb Cesare De Agostini in der Zeitschrift *Autosprint* Ende der sechziger Jahre. Allerdings: Laufen lernen müssen sie danach nicht mehr, denn das war allen Autos, die der Italiener Giotto Bizzarrini konstruierte, in die Wiege gelegt. Sie liefen sogar ausgesprochen schnell, man denke nur an den legendären Ferrari 250 GTO, den der findige Ingenieur geschaffen hatte.
1961 war Bizzarrini bei Ferrari ausgeschieden und landete nach einigen Zwischenstationen bei Renzo Rivolta. Dieser hatte sich entschlossen, neben Kühlschränken künftig auch heiße Öfen zu bauen.
Das erste Auto, das Rivolta unter dem Namen Iso herausbrachte, entsprach dieser Vorgabe noch nicht. Es war die Isetta. BMW kaufte die Lizenz und machte den Kleinwagen weltberühmt. Für Rivolta bedeutete dies die finanzielle Grundlage für den geplanten Bau eines Sportwagens.
Bizzarrini schuf ein Chassis aus geschweißtem Stahlblech mit vorderer Einzelradaufhängung und hinterer De-Dion-Achse. Bertone steuerte die Karosse bei, und unter die Fronthaube kam ein amerikanischer Achtzylindermotor. Der Iso Rivolta war geboren.
Der zweite Wurf des Duos Bizzarrini/Rivolta war der Grifo. Während Rivolta sich auf die sportlich-luxuriöse Ausführung Grifo A 3 L konzentrierte, hatte Bizzarrini aus eigenem Antrieb daraus die Version A 3 C abgeleitet, wobei das C für Competizione steht.
Bizzarrini begeisterte sich für den Rennsport und war davon überzeugt, dass Erfolg im Motorsport die beste Reklame sei. Rivolta teilte diese Auffassung nicht, und so trennten sie sich 1963. Doch der aufregend karossierte A 3 C lebte weiter. Ab 1966 verkaufte Bizzarrini Autos unter eigenem Namen. Die in wenigen Exemplaren gebaute Straßenversion des A 3 C hieß nun Bizzarrini GT Strada 5300, aber es blieb ein kompromisslos zum Schnellfahren gebautes Auto.
Die mit 1,11 Meter Höhe ultraflache Karosse mit ihrem filigranen Dachaufbau und den geschwungenen Kotflügeln schmiegt sich so eng an das Chassis, dass in den Radhäusern nur wenig Platz ist. Wer ein zu üppiges Reifenformat wählt, riskiert, dass beim Einfedern das Aluminium der Karosserie Schaden nimmt oder beim

Historie

1962
Erste Pläne für den Iso A 3 C.

1963
Im November auf dem Turiner Salon Präsentation des Iso A 3 C Grifo mit genieteter Alu-Karosse, gebaut bei Piero Drogo in seiner Firma Carrozzeria Sports Car in Modena.

1964
Privater Einsatz eines A 3 C beim Zwölf-Stunden-Rennen in Sebring, am 31. Mai Start mit Werksbetreuung beim 1000-Kilometer-Rennen am Nürburgring, 14. Platz bei den 24 Stunden von Le Mans trotz Ausfalls.

1965
Einführung des Modells Stradale, Karosserien entstehen bei BBM in Modena, der Bootshersteller Vincenzo Catarsi baut einige Kunststoffkarossen für die Rennversion America, die auch hinten Einzelradaufhängung hat; Bau eines Prototyps mit Spider-Karosse, zwei weitere offene Bizz entstehen später; diverse Renneinsätze, darunter Klassensieg bei den 24 Stunden von Le Mans.

1966
Die Straßenversion heißt nun Bizzarrini GT Strada 5300, Ende des Jahres Einstellung der Renneinsätze, Bau eines Einzelstücks mit Siebenliter-Ford-Motor, genannt Nembo.

1968
Strada eingestellt.

1969
Ende der Firma Bizzarrini.

Das gelungene Fahrwerk und der tiefe Schwerpunkt erlaubten es, auch Kurven wie ein Tiefflieger zu durcheilen.

Lenkeinschlag die Räder die Auspuffspinne berühren, die sich in Richtung Schweller windet. Von Perfektion verwöhnte Mercedes- oder Porsche-Fahrer werden über solche Details nur den Kopf schütteln, aber der Bizzarrini war und ist kein langweiliges Alltagsauto, sondern ein Abenteuer, das Spaß und jede Menge neuer Erfahrungen bereithält.

Letzteres trifft bereits beim Einsteigen in die Flunder zu, denn die dazu nötigen Bewegungsabläufe müssen neu durchdacht werden. Nur wer die Gabe besitzt, seinen Körper verwinden zu können wie ein Fakir, kann beim althergebrachten Schema bleiben. Nach diversen Versuchen stellte es sich als optimal heraus, den Innenraum mit dem Hinterteil voran zu entern. Man rutscht über den breiten Schweller, in dem auch ein Teil des Benzinvorrats gluckert, zieht die Beine nach und verstaut sie in einem engen Tunnel. Gleichzeitig gleitet der Po in die spartanische Sitzschale.

Nun liegt man eingemauert zwischen einem überdimensionalen Mitteltunnel und der Tür, »ein Gefühl wie in einem Sarg«, meint Bizzarrini-Besitzer Peter Beyeler aus der Nähe von Bern. Das mag vielleicht auch noch auf die Sichtverhältnisse zutreffen, doch kommt in einem Bizzarrini eindeutig mehr Freude auf.

Bevor der Spaß beginnt, müssen die Vierpunktgurte angelegt werden. Dann gleiten die Hände zum Holzkranz des steil stehenden Lenkrads. Der Blick schweift über die in Holz gefasste Armaturentafel mit einer Sammlung

Die mit 1,11 Meter Höhe ultraflache Karosse mit ihrem filigranen Dachaufbau und den geschwungenen Kotflügeln schmiegte sich eng an das Chassis.

Die in Holz gefasste Armaturentafel beherbergt eine Sammlung kleinerer Rundinstrumente und eine sorgfältig ausgerichtete Kippschalter-Reihe.

kleinerer Rundinstrumente und einer sorgfältig ausgerichteten Kippschalter-Reihe, um dann beim Tacho innezuhalten: Der Messbereich reicht bis 320 km/h – das klingt vielversprechend.

Der linke Fuß tastet nach der schwergängigen Kupplung, während die rechte Hand zum Schalthebel greift, dessen Knopf die Größe einer Billardkugel hat. Doch so spielerisch wie ein Queue lässt sich der Schaltstock nicht bewegen. Die Gänge müssen mit Nachdruck eingelegt werden.

Wer nach Drehen des Zündschlüssels ohrenbetäubenden Lärm erwartet, sieht sich getäuscht. Den vier Endrohren des Bizz entweichen dunkle, aber in der Lautstärke sehr zivile Töne.

Bei der Geräuschquelle handelt es sich um einen 5,3 Liter großen Corvette-Motor mit acht Zylindern. Auf die Konstruktion eines Motors verzichtete Giotto Bizzarrini. »Ich hatte mit Ami-Motoren schon gute Erfahrungen im Iso Rivolta gemacht«, erzählt er.

Dennoch ist der Antrieb nicht ohne Finessen. Bizzarrini hat den Frontmotor hinter die Vorderachse gerückt, so dass ein Mittelmotorauto mit günstigerer Schwerpunktlage entstand. Für den Innenraum hatte das besagten Mitteltunnel zur Folge sowie eine Klappe auf dem Armaturenbrett, durch die der Zündverteiler erreichbar ist.

Laut Werksangabe leistet der Motor mit einem Holley-Vierfachvergaser 365 SAE-PS. »Also etwa 320 DIN-PS«, schätzt Bizzarrini. Damit katapultierte sich das Auto in die Klasse der Elite-Sportwagen von Maserati und Ferrari.

Durch den billigen Großserien-Motor war der Bizzarrini mit 49 000 Mark rund 4000 Mark günstiger als ein Ferrari 275 GTB/4, wenn auch bei weitem nicht so imageträchtig. In Deutschland wurden nur wenige Exemplare verkauft. Wie viele genau, daran erinnert sich Sabine Scheuermann aus Wiesbaden, deren Vater damals die Autos importierte, nicht mehr. »Ich weiß nur noch, dass wir die Wagen auf Achse überführten, und ich war fasziniert von der Lagerhalle, in der die Autos zusammengebaut wurden.«

Trotz der primitiven Produktionsstätte konnte es der Bizz mit dem Ferrari 275 GTB/4 aufnehmen. Die Beschleunigungswerte (null bis 100 km/h in 6,4 Sekunden) waren nahezu identisch. »Besonders schätzte ich die

▶ Die gelungene Mischung aus italienischem Styling und amerikanischem Motorenbau machte den Bizzarrini zum Konkurrenten der Sportwagen-Elite von Ferrari und Maserati.

Den vier Endrohren des Bizz entwichen dunkle, aber in der Lautstärke sehr zivile Töne.

leichtgängige Lenkung, die teuflische Beschleunigung und die dank guter Aerodynamik enorme Spitze von bis zu 280 km/h«, schwärmt Bizzarrini. Selbst nach 35 Jahren ist der Bizz den meisten Verkehrsteilnehmern überlegen. Im ersten Gang kann bei Leerlaufdrehzahl eingekuppelt werden, und wer dann Vollgas gibt, wird von unsichtbarer Hand in den Sitz gepresst. Erst jenseits von 100 km/h muss wieder geschaltet werden. Sogar im vierten Gang beeindruckt die Spurtkraft, wenn man bei etwa 50 km/h das Gaspedal durchtritt.

Das gelungene Fahrwerk und der tiefe Schwerpunkt erlauben es, auch Kurven wie ein Tiefflieger zu durcheilen. Das Auto bleibt neutral, eine Seitenneigung ist kaum auszumachen. Nur in engen Biegungen wirkt das Auto unhandlich. »Verbesserungswürdig waren nur die Bremsen«, erzählt Bizzarrini, doch dazu kam er nicht mehr. Aufgrund finanzieller Probleme musste er 1969 die Firma schließen.

Sabine Scheuermann grübelt noch heute darüber, ob sie nicht vielleicht eine Teilschuld habe. Als Kind pflegte sie bei Visiten in Bizzarrinis Werkstatt in Livorno Kleingeld aus dessen Tasche zu stibitzen, um sich Eis zu kaufen.

Text: Bernd Woytal
Fotos: Reinhard Schmid

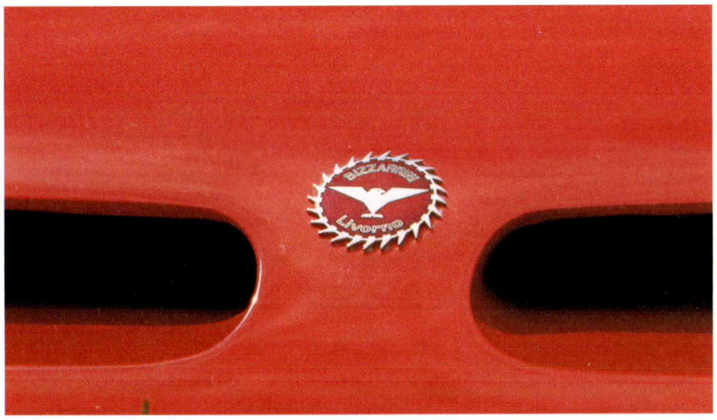

▶ **Vom GT Strada 5300 wurden nur wenige Exemplare gebaut.**

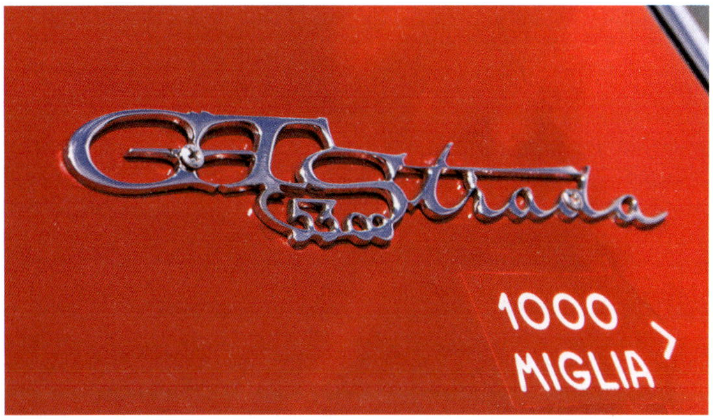

▶ **Nachdem er sich von Renzo Rivolta getrennt hatte, verkaufte Bizzarrini ab 1966 Autos unter eigenem Namen.**

Daten & Fakten Bizzarrini GT Strada 5300

▶ Motor
Achtzylinder-V-Motor Corvette 327, Bohrung x Hub 101,6 x 82,55 mm, Hubraum 5354 cm³, Verdichtung 11:1, Leistung 365 SAE-PS (zirka 320 DIN-PS) bei 5400/min, max. Drehmoment 52 SAE-mkg bei 3500/min, zentrale kettengetriebene Nockenwelle, Ventile über Stoßstangen und Kipphebel betätigt, fünffach gelagerte Kurbelwelle, Gemischaufbereitung durch Carter-, später Holley-Vierfachvergaser; Versionen mit vier Weber-Vergasern 45 DCOE/12 leisteten 405 PS, nach einigen Quellen auch 420 oder 425 PS, laut Bizzarrini waren es 375 DIN-PS

▶ Kraftübertragung
Hinterradantrieb, Einscheiben-Trockenkupplung, Vierganggetriebe

▶ Karosserie/Fahrwerk
Mittragende Aluminium-Karosserie auf Kastenrahmen aus Stahlblech und Stahlrohraufbau, vorne Einzelradaufhängung mit Trapez-Dreieckquerlenkern und Schraubenfedern, Stabilisatoren, hinten De-Dion-Achse mit Schraubenfedern, Längsschubstreben, Wattgestänge, vorne und hinten Teleskopdämpfer, Scheibenbremsen, Burman-Kugelumlauflenkung, Reifen vorne 6.00-15, hinten 7.00-15, am Fahrzeug von Peter Beyeler montiert 235/60

▶ Maße/Gewicht
Radstand/Länge 2450/4460 mm, Breite/Höhe 1760/1115 mm, Leergewicht 1370 kg

▶ Fahrleistungen
Beschleunigung 0-100 km/h 6,4 s, Spitze je nach Achsübersetzung bis zu 275 km/h

▶ Verbrauch
Bis zu 30 Liter/100 km

▶ Bauzeit/Stückzahl*
1963 bis 1966 (Chassis B 201 bis 230) 29 Exemplare mit genieteter Alu-Karosse als Competizione und Strada, davon die letzten sechs unter dem Namen Bizzarrini; 1966 bis 1968 (Chassis 231 bis 334) 104 Exemplare, ab 1965 Version America mit Kunststoff-Karosse, zirka zehn Exemplare

*Quelle Auto Retro 7/1984

▶ Clubs
Iso & Bizzarini Interest Circle Switzerland, Martin Aeschlimann, Kraeyigenweg 66, CH-3074 Muri bei Bern, www.ibics.ch; Iso & Bizzarrini Owners-Club, 2025 Drake Drive, Oakland, CA 94611, USA

1969

Ferrari Dino 246 GT

Gelbsucht

▶ *Der Dino war der erste Serien-Ferrari mit Mittelmotor. Er bietet Renntechnik für den Alltag, und dank seines attraktiven Stylings macht er auch im heutigen Verkehr eine gute Figur.*

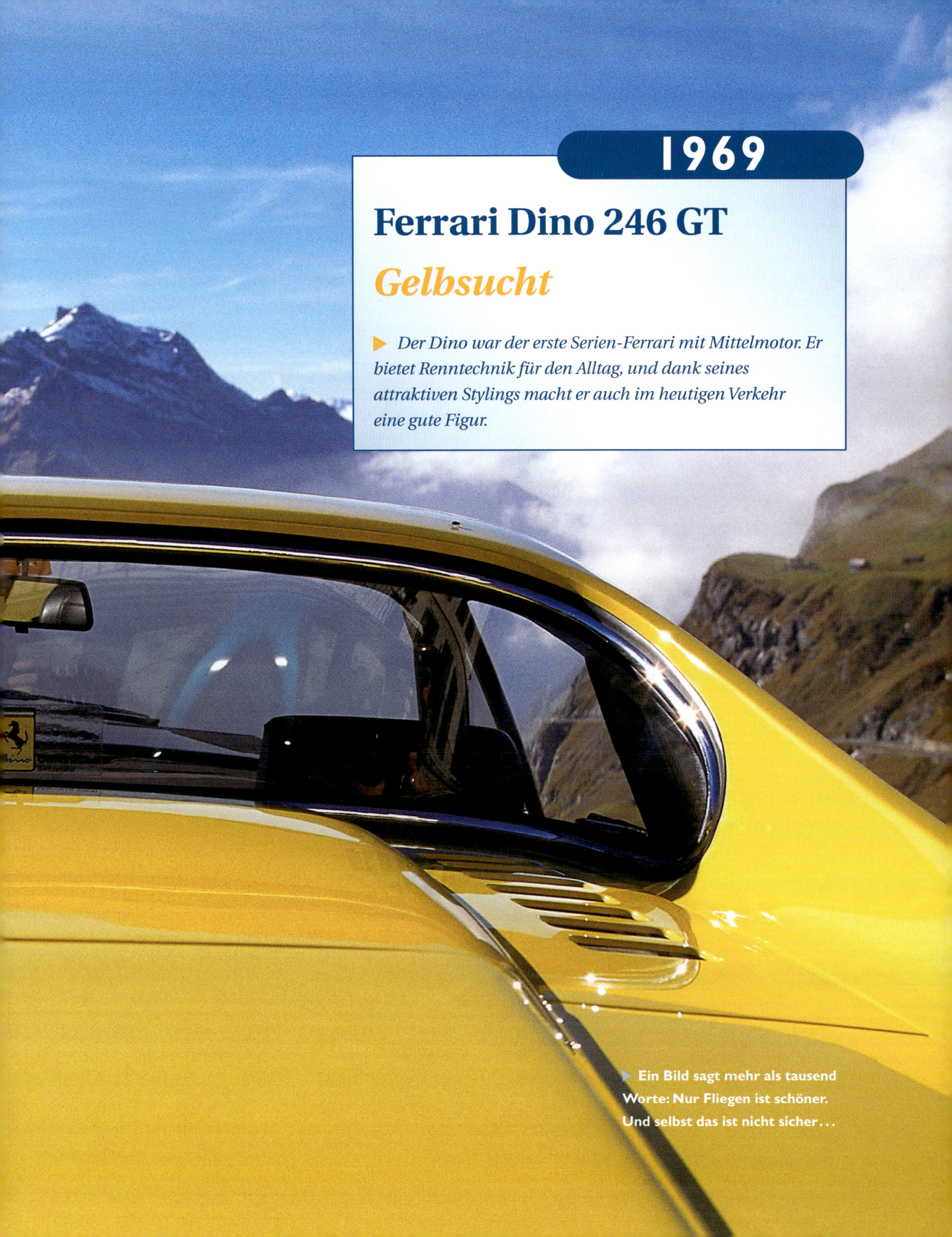

▶ **Ein Bild sagt mehr als tausend Worte: Nur Fliegen ist schöner. Und selbst das ist nicht sicher...**

Mit dem Dino landete Ferrari einen Volltreffer in die Herzen aller Sportwagenfreunde. Einige Dino-Käufer gerieten so sehr in den Bann der schnellen Flunder, dass sie sich in ihrer Garage wie in der Box fühlten. »Die Straße vor meinem Haus wurde zur Boxengasse, und nach einer Aufwärmrunde durch die Stadt ging ich auf die Strecke«, so schwärmt der Schweizer Dino-Eigner Urs Fässler.

Solche Euphorie ist durchaus angebracht, denn schon allein die Form macht den Schulterschluss zu Rennsportwagen deutlich. Mit seinem kurzen, flachen Vorderbau distanzierte sich der Dino deutlich von seinen Zeitgenossen mit langer Haube. Die weit außen positionierten Frontscheinwerfer wirken wie Augen, die konzentriert die Straße fixieren – oder den Vorausfahrenden, der sich beim Blick in den Rückspiegel an eine angreifende Schlange erinnert fühlt.

Das markanteste Designmerkmal dieser Pininfarina-Kreation ist jedoch die steil stehende Heckscheibe, die in engen Bögen in die B-Säulen hineingezogen wurde, woraus sich ein größerer Sichtwinkel nach schräg hinten ergibt.

Ein weiteres originelles Detail ist der Chromhebel am Fensterschacht der Seitenscheibe, so zierlich, dass er mit nur einem Finger bedient werden kann. Mit diesem Hebel wird die Tür entriegelt, und der Weg ins Cockpit ist frei.

Man lässt sich in die tief angeordnete kleine Ledersitzschale hinabgleiten und muss aufpassen, nicht mit dem Kopf gegen die Dachsäule des gerade 1,12 Meter flachen Wagens zu stoßen.

Sofern der Fahrer nicht größer als 1,80 ist, fühlt er sich wie ein Bauteil des Fahrzeugs, so perfekt passt er unter das leicht gewölbte Dach.

Historie

1956
Erster Dino-Motor.

1965
Das erste Auto mit Namen Dino, der 166 P, fuhr am 25. April sein erstes Rennen in Monza; im Oktober Präsentation des Prototyp Dino Berlinetta Speciale, bereits auf dem 206 S-Chassis.

1966
Vorstellung des Dino 206 S Sport, des Dino Berlinetta GT mit Fiat-Dino-Motor und des 365 P mit Zwölfzylinder-Mittelmotor.

1967
Pininfarina baut drei weitere verschiedene Dino-Prototypen, die beiden letzten sahen dem späteren Serienprodukt sehr ähnlich. Auf der IAA im September in Frankfurt zeigt er den Dino Berlinetta Competizione auf Basis des 206 S.

1968
Beginn der Serienfertigung des Dino 206 GT, Karossen aus Alu, gebaut bei Scaglietti.

1969
Der 246 GT löst den 206 GT ab, die sogenannte L-Serie reicht von FG-Nr. 00402 bis 01116 GT.

1971
M-Serie von FG-Nr. 01118 bis 02130 GT, Lederlenkrad, einzelner zentraler Rückfahrscheinwerfer, Kofferraum nur von innen zu öffnen, Fünflochfelgen, hinten breitere Spur; nach 506 gebauten Exemplaren Übergang zur E-Serie ab FG-Nr. 02132 GT, Getriebe geändert, eine Corona-Benzinpumpe statt zwei von Bendix, Vergaser 40 DCNF 13 statt 40 DCNF 7. Änderungen während der laufenden Serie: Scheibenwischer parallel angeordnet, Stoßstangen reichen reicht mehr in Kühlluftöffnung, letztere eckiger ausgeführt, für US-Version verbreiterte Radausschnitte.

1972
Serienbeginn der Spider-Version 246 GTS.

1974
Produktionseinstellung.

▶ Mit dem Dino landete Ferrari einen Volltreffer in die Herzen aller Sportwagenfreunde.

Die weit außen positionierten Frontscheinwerfer wirkten wie Augen, die konzentriert die Straße fixierten – oder den Vorausfahrenden, der sich beim Blick in den Rückspiegel an eine angreifende Schlange erinnert fühlte.

Sofort registriert er den engen Kontakt zur Straße, die bis zur Unterkante der großen Frontscheibe zu reichen scheint. Der Pilot sitzt nur wenige Zentimeter über dem Asphalt. Das Gestühl ist so dicht am Wagenboden montiert, dass die Beine nahezu gestreckt neben dem ins Innere reichenden Radkasten eingefädelt werden müssen. So entsteht auf den ersten Metern Fahrt der Eindruck, die Absätze der Schuhe würden am Boden schleifen.

▶ **Der Sound, den der außerordentlich drehwillige, 195 PS starke Treibsatz des Dino 246 produzierte, klang wie ein Konzert in allen Tonlagen.**

▶ **Sofern der Fahrer nicht größer als 1,80 Meter war, passte er in der tief angeordneten kleinen Ledersitzschale perfekt unter das leicht gewölbte Dach.**

Der Blick aus dem Seitenfenster zeigt Randsteine in Gesäßhöhe, Leitplanken sind so unüberschaubar wie Schallschutzwände.

Doch von Schallschutz für die Passagiere kann beim

Im Kurvengrenzbereich und ganz besonders auf nasser Fahrbahn wird aus dem Untersteuerer unvermittelt ein nicht ganz ungefährlicher Übersteuerer.

Dino keine Rede sein. Sein Motor ist kein PS-Flüsterer, aber gerade das genießt der Sportwagen-Enthusiast zunächst. Die Rückwand des Innenraums isoliert nur andeutungsweise die Geräusche. Bei offenen Fenstern ist sogar das Einatmen des mittschiffs eingebauten V6-Motors mit den vier obenliegenden Nockenwellen noch deutlicher zu hören.

Angeblich befürwortete Enzo Ferrari den Mittelmotor nur für Rennfahrzeuge. Die konventionelle Bauweise mit Frontmotor schien ihm für Straßensportwagen besser geeignet, weil sie großzügigere Passagier- und Gepäckabteile ermöglicht.

Sein Konkurrent Ferrucio Lamborghini war weniger konservativ. Er wählte die kompromisslos am Rennsport angelehnte Mittelmotorbauweise für den Miura, mit dem er 1966 ein neues Zeitalter für Straßensportwagen einläutete.

Es ist dem großen Engagement von Sergio Pininfarina zu verdanken, dass Ferrari nachzog. Dem 1965 präsentierten Dino Berlinetta Speciale, der nach einem Entwurf des Designers Aldo Brovarone entstanden war, folgten weitere Prototypen bis hin zum 206 GT von 1967. Dieser in Turin auf dem Pininfarina-Stand gezeigte Wagen ging nach wenigen Detailänderungen im folgenden Jahr in Serie. Er wurde der erste Straßensportwagen mit Mittelmotor von Ferrari, ohne aber diesen Namen tragen zu dürfen. Ihm blieb das Emblem mit dem sich aufbäumenden Pferd versagt – warum, lässt sich heute nicht mehr genau nachvollziehen.

Vielleicht lag es daran, dass man damals mit dem Namen Ferrari aufwendig konstruierte Zwölfzylindermotoren verknüpfte. Alfredo Ferrari, der Sohn des Firmenchefs, favorisierte allerdings ein V6-Triebwerk und fertigte entsprechende Konstruktionszeichnungen an.

Aber er konnte sein Werk nicht beenden – 1956 starb er an den Folgen einer Nierenentzündung.

Der Ingenieur Vittorio Jano, der bei Alfa die legendären P 2- und P 3-Modelle entworfen hatte, realisierte das Projekt des jungen Ferrari. Der Motor erhielt zur Erinnerung an Alfredo Ferrari die Bezeichnung Dino. So hatte Enzo Ferrari seinen Sohn gerufen.

Aus diesem Triebwerk gingen insgesamt vier Motorgenerationen hervor. Die Dino-Maschinen befeuerten Rennwagen der Formel 1, der Formel 2 und der Sportwagenkategorie. Auch das Auto, das den Dino-Schriftzug als Markennamen bekam, wird von einem dieser renntauglichen Triebwerke in Schwung gebracht.

In kaltem Zustand springt der Motor sofort an. Nur an heißen Tagen, wenn nach einer kurzen Verschnaufpause wieder gestartet wird, muss der Marelli-Anlasser MT 42 E etwas länger orgeln. Durch die Hitzeentwicklung im Motorraum verdampft das Benzin in den Schwimmergehäusen, die Entlüftungsschlitze in der Motorhaube sind dann schlichtweg überfordert.

Der Sound, den der außerordentlich drehwillige, 195 PS starke Treibsatz des Dino 246 produziert, klingt wie ein Konzert in allen Tonlagen. In den aggressiven, rauen Klang der vier Endrohre der Auspuffanlage mischt sich ein Heulen, zuweilen auch Pfeifen. Es kommt einerseits vom Ventiltrieb und andererseits von der Kraftübertragung zur Getriebehauptwelle, die über ein Vorschaltgetriebe mit drei spiralverzahnten Ritzeln erfolgt.

Die Geräuschkulisse im Dino ist so intensiv, dass man ab etwa 4000/min dem Motor ganz automatisch das Wort überlässt. Doch so schön das Geräusch eines Sportwagens auch sein mag, lange Vollgasetappen auf der Autobahn strengen an. Praktisch von selbst sich eine Reisegeschwindigkeit von etwa 180 km/h ein.

Allerdings muss man Dino zugute halten, dass es selbst auf Landstraßen nicht notwendig ist, in höchste Drehzahlregionen vorzustoßen. Obwohl das maximale Drehmoment von 23 mkg (226 Nm) erst bei 5500/min erreicht wird, wirkt der Dino im ohrenschonenden Drehzahlbereich ausgesprochen lebendig.

Wer permanent alle Leistungsreserven einsetzt, wird auch bald bemerken, dass sich die knapp geschnittene Sitzschale zum heißen Stuhl entwickeln kann. Fahrer und Beifahrer spüren die Hitze des Motors wie ein Kaminfeuer im Rücken. Durch die große Frontscheibe einfallende Sonnenstrahlen verwandeln das kleine Abteil in einen Brutkasten.

Daher bevorzugt der Dino-Fahrer statt hochsommerlicher Hundstage leicht bewölkten Himmel oder die zarten Sonnenstrahlen von Frühling und Herbst. Die Abwärme von Motor und Auspuff sorgt derweil dafür, dass die Kleidungsstücke im Gepäckraum stets auf Körpertemperatur gehalten werden.

▶ Das markanteste Designmerkmal dieser Pininfarina-Kreation ist die steil stehende Heckscheibe, die in engen Bögen in die B-Säulen hineingezogen wurde.

▶ Der Dino bot Renntechnik für den Alltag, und dank seines attraktiven Stylings macht er auch im heutigen Verkehr noch eine gute Figur.

Die Dino-Konkurrenten wie beispielsweise der Porsche 911 S waren wesentlich alltagstauglicher und auch billiger. 29 980 Mark kostete 1971 ein 911 S, ein Dino

Auf trockener Fahrbahn erreicht der Dino bei kaum wahrnehmbarer Seitenneigung sehr hohe Kurvengeschwindigkeiten.

39 905 Mark. In den Fahrleistungen lagen die beiden auf gleichem Niveau. Der Elfer beschleunigt in 7,5 Sekunden auf 100 km/h, und der Dino braucht 7,4 Sekunden. Doch in Sachen Fahreigenschaften hatte der Hecktriebler aus Zuffenhausen das Nachsehen. »Wie ein Dino alles deklassiert, was auf den Straßen kreucht und fleucht, das ist schon eine Schau für sich«, bemerkte Reinhard Seiffert 1971 im Test von *auto motor und sport*. Auf trockener Fahrbahn erreicht der Dino bei kaum wahrnehmbarer Seitenneigung sehr hohe Kurvengeschwindigkeiten. Besonders in engen Kehren macht er jedoch durch eine unangenehme Eigenart auf sich aufmerksam – er beginnt leicht zu stottern.

Dino-Kenner wissen, dass stets ein Kompromiss für die optimale Stellung der Schwimmernadelventile in den drei Weber-Fallstrom-Doppelvergasern des Typs 40 DCNF gefunden werden muss. Eine zu tiefe Stellung fördert die Motoraussetzer bei Kurvenfahrt, eine zu hohe führt zu Benzinaustritt und damit verbundener Geruchsbelästigung.

Grundsätzlich sollte mit dem kleinsten möglichen Gang durch die Kurve gefahren werden, um den Motor bei Drehzahl zu halten.

Auch der Fahrer kommt in Kurven auf Touren. Zunächst lernt er die mit drei Umdrehungen von Anschlag zu Anschlag direkt ausgelegte Zahnstangenlenkung schätzen. Sie wirkt äußerst sensibel, vermittelt Straßenkontakt und lässt den Piloten die Reaktionen des Renners in Händen spüren.

Dadurch wiegt sich der Fahrer in Sicherheit, und könnte so leicht zu einem gewissen Übermut neigen. Doch im Dino steckt ein kleiner Teufel, denn im Kurvengrenzbereich und ganz besonders auf nasser Fahrbahn wird aus dem Untersteuerer unvermittelt ein Übersteuerer.

Der frühere Fußballstar Günter Netzer kennt diese Tücke aus eigener Erfahrung. Etwa um 1970 herum drehte er sich mit seinem Dino auf einer verregneten Autobahn in die Leitplanken und kam entgegen der Fahrtrichtung zum Stehen. Netzer: »Es war die haarigste Situation, die ich bisher erlebt habe.« Die Angst des Torwarts beim Elfmeter – offenbar kein Vergleich.

Text: Bernd Woytal
Fotos: H. D. Seufert

Daten & Fakten Dino 246 GT

Motor
V-Sechszylinder (65 Grad), als Mittelmotor quer eingebaut, Bohrung x Hub 92,5 x 60 mm, Hubraum 2418 cm³, Verdichtung 9,0:1 , Leistung 195 PS (143 kW) bei 7600/min, maximales Drehmoment 23 mkg (226 Nm) bei 5500/min, Gemischaufbereitung durch drei Weber-Fallstrom-Doppelvergaser 40 DCNF 7, ab E-Serie 40 DCNF 13

Kraftübertragung
Hinterradantrieb, Einscheiben-Trockenkupplung, Fünfganggetriebe

Karosserie/Fahrwerk
Gitterrahmen, Stahlblechkarosse, Fronthaube aus Alu, vorne und hinten Einzelradaufhängung an Querlenkern und Schraubenfedern, Stabilisator, vorne und hinten hydraulische Teleskopstoßdämpfer, Zahnstangenlenkung, Scheibenbremsen, Felgen 6,5 J x 14, Reifen 185/70 VR 14, ab FG-Nr. 00530 GT 205/70 VR 14

Maße/Gewicht
Radstand/Länge 2340/4230 mm, Breite/Höhe 1700/1115 mm, Spur vorne/hinten 1425/1400 mm, ab FG-Nr. 01118 GT hinten 1430 mm, Gewicht vollgetankt 1230 kg

Fahrleistungen/Verbrauch
Beschleunigung 0-100 km/h 7,4 s, Höchstgeschwindigkeit 238,4 km/h

Bauzeit
246 GT von 1969 bis 1974, 246 GTS von 1972 bis 1974

Stückzahl
2487 GT und 1274 GTS

Clubs
Dino Owners Club, Nicolei Schumacher, Berghovenerstr. 74, D-53227 Bonn, Tel. 0228/445585, Fax 440666 E-mail: Dino-Club@topmail.de www.dino-owners-club.de

Ferrari Dino Owners Club Switzerland, Joachim Alpers, Bruggächerstraße 12, CH-8617 Mönchaltorf, Tel. 0041/1/4620645, Fax 4260654; Ferrari Club Deutschland e.V., Sekretariat: Dröttboomshof, 46519 Alpen, Tel. 02802/948401, Fax 948409

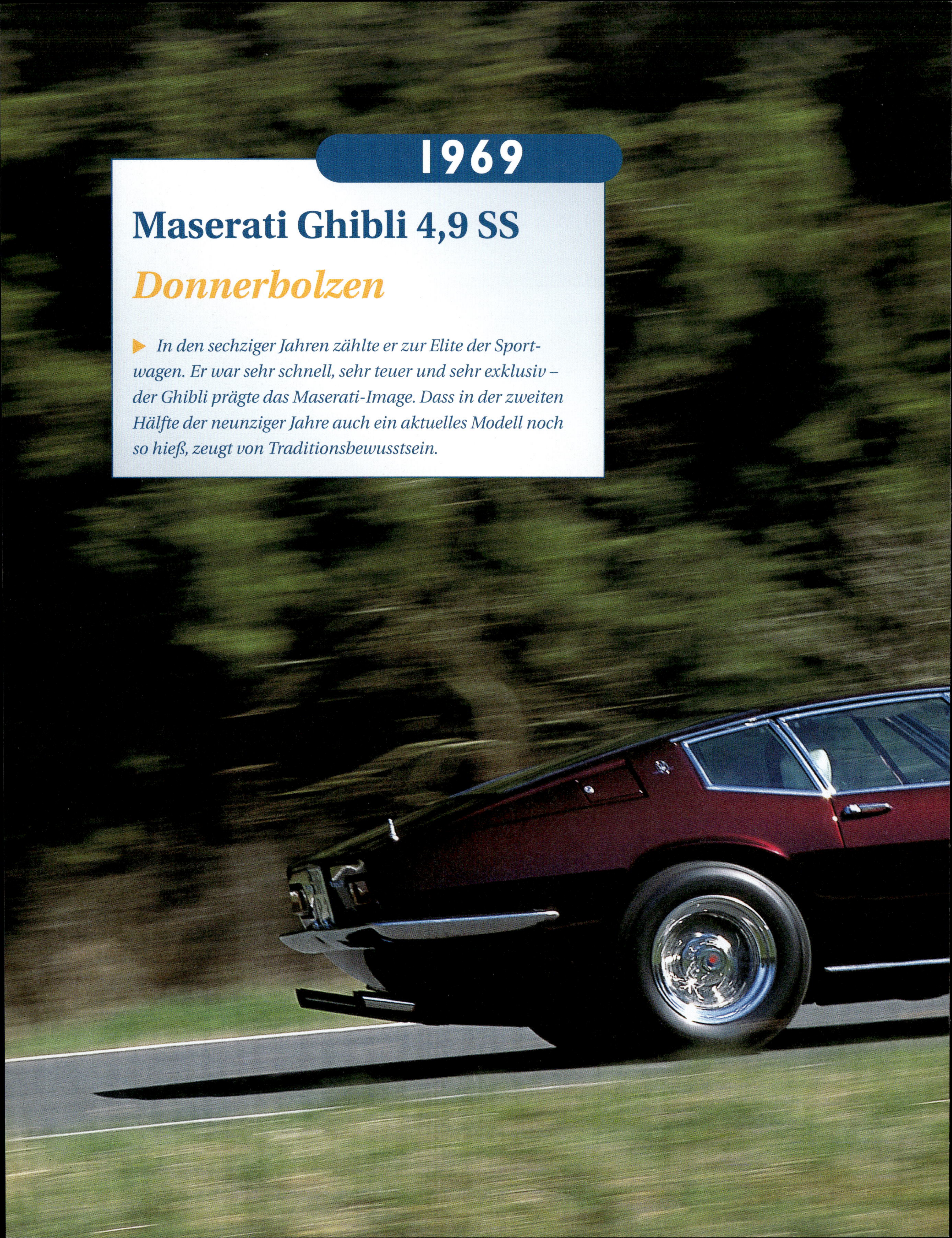

1969

Maserati Ghibli 4,9 SS

Donnerbolzen

▶ *In den sechziger Jahren zählte er zur Elite der Sportwagen. Er war sehr schnell, sehr teuer und sehr exklusiv – der Ghibli prägte das Maserati-Image. Dass in der zweiten Hälfte der neunziger Jahre auch ein aktuelles Modell noch so hieß, zeugt von Traditionsbewusstsein.*

Der Ghibli, benannt nach einem afrikanischen Wüstensturm, war nicht als Sprinter, sondern als komfortabler und schneller Reisewagen gedacht.

Eins, acht, vier, zwei, sieben, drei, sechs, fünf, zählt Peter Haupt aus Idar-Oberstein. Zwar haben wir alle in der Schule nicht immer aufgepasst, aber die richtige Reihenfolge der Zahlen sollte doch jeder mitbekommen haben. Das hat auch der Idar-Obersteiner. Aber er besitzt einen Maserati Ghibli, und die Zündfolge des gewaltigen Achtzylinder-V-Motors ist für ihn die schönste aller Zahlenreihen.

Wenn die Arbeitstakte des Triebwerks nach diesem Schema erfolgen, entweicht dem Auspuff des Ghibli ein faszinierendes Grollen. »Ernste Männer erheben sich vom Schreibtisch, brave Hausfrauen legen Rouge auf und rücken die Frisur zurecht«, beschrieb *auto motor und sport*-Autor Reinhard Seiffert damals die Wirkung des Achtzylindergeräuschs.

Das vorne platzierte imposante Leichtmetall-Triebwerk besitzt vier obenliegende Nockenwellen. Sie rotieren jeweils unter einem mit schwarzem Schrumpflack überzogenen Deckel, der mit einem erhabenen Maserati-Schriftzug versehen ist. Doch nicht nur optisch und akustisch wirkt der Motor beeindruckend. Seine Kenndaten trieben Ende der sechziger Jahre jedem Besitzer eines Mittelklasseautos die Blässe ins Gesicht. 4,7 Liter Hubraum und 310 PS klangen geradezu erschreckend für jemand, der einen 66 PS starken Opel Rekord 1700 chauffierte. Mit dem Ghibli 4,9 SS setzte Maserati noch eins drauf: 335 PS lautete die offizielle Leistungsangabe für diese Version.

Der Ghibli war sehr schnell, sehr teuer und sehr exklusiv. Und er prägte das Maserati-Image.

Der gewaltige Motor, dessen konstruktive Wurzeln sich bis in die fünfziger Jahre zurückverfolgen lassen, beeinflusste das Design des gesamten Fahrzeugs. »Ich musste

Historie

1956
Präsentation auf dem Turiner Salon.

1967
Anlauf der Serienfertigung bei der Karosseriefirma Ghia, Heckdeckel nicht mehr bis zwischen die Rücklichter nach unten gezogen.

1968
Felgen 7,5 Zoll mit Vierbolzenbefestigung statt sieben Zoll mit Zentralverschluss, belüftete Bremsscheiben, Veglia/Borletti- statt Smith-Instrumente, Einscheiben- statt Zweischeiben-Kupplung, Klappscheinwerferabdeckungen mit gerundeten Ecken. Vorstellung des Spider in Turin.

1969
Einführung des Spider und des hubraumstärkeren Modells 4,9 SS.

1973
Produktionsende.

Viele kleinere Modellpflegemaßnahmen wie die Umgestaltung des Armaturenbretts lassen sich wegen fehlender Dokumentation zeitlich nicht genau einordnen.

Die lange Front des Maserati Ghibli unterstreicht die Präsenz einer starken Maschine.

eine lange Front vorsehen, die auch gleichzeitig die Präsenz einer starken Maschine unterstrich«, erinnert sich Giorgetto Giugiaro, der die atemberaubende Form des Ghibli in weniger als drei Monaten entwarf und sie dennoch als seine schönste Kreation bezeichnet. Klirrend und scheppernd wurde 1969 der Testmannschaft von *auto motor und sport* demonstriert, wie fesselnd der immerhin 1,80 Meter breite und nur 1,16 Meter hohe Sportwagen mit der imposanten Front wirkte. Ein Kleinbus mit autobegeisterten Bauarbeitern hatte angesichts des Ghibli so abrupt verzögert, dass zwei nachfolgende Fahrzeuge nicht mehr rechtzeitig bremsen konnten.

Aber es blieben auch weniger schmeichelhafte Dinge über die von Ghia gebaute Karosserie in Erinnerung. »Als wir wegen eines defekten Fensterhebers die Türverkleidung des nagelneuen Autos öffnen mussten, blickten wir auf verrostetes Blech«, erzählt Michael Mehlin, der damals zum Testteam von *auto motor und sport* gehörte.

Minuspunkte heimst der Ghibli auch ein, wenn es um die Bewertung von Raumausnutzung und Übersicht-

Accessoires wie Borrani-Felgen machen die Klasse des Wagens deutlich.

▶ In den sechziger Jahren zählte der Maserati zur Elite der Sportwagen.

Wer auf einem der beiden feinen und kommoden Ledersitze Platz nimmt, registriert aus dieser Warte ein wuchtig emporwachsendes Armaturenbrett. Die acht Rundinstrumente von Veglia sind eine Augenweide.

lichkeit geht. Auf einer Länge von 4590 Millimetern gibt es nur zwei vollwertige Sitzgelegenheiten, die sich zudem beim Einparken als schlechter Aussichtspunkt erweisen – die Karosserieenden sind nicht zu sehen.

Doch die Faszination leidet nicht darunter. Wer auf einem der beiden feinen und kommoden Ledersitze Platz nimmt, registriert aus dieser Warte ein wuchtig emporwachsendes Armaturenbrett. Die acht Rundinstrumente von Veglia sind eine Augenweide.

Die filigranen, wie die Zinnsoldaten aufgereihten Kippschalter demonstrieren jene Verspieltheit, wie sie in vielen italienischen Autos der sechziger Jahre zu finden ist. Ihre Benutzung gleicht einem Griff in die Wundertüte. Besonders bei Dunkelheit wächst die Verwechslungsgefahr der unbeleuchteten Schalter. So kann es passieren, dass man, statt die Scheibenwischer einzuschalten, die

Giorgetto Giugiaro hatte die atemberaubende Form des Ghibli in weniger als drei Monaten entworfen.

Per Elektromotor werden die Klappscheinwerfer geöffnet. Die Kanten der Abdeckung waren ab 1968 abgerundet.

Klappscheinwerfer einfährt und plötzlich zum Blindflieger wird. Das Wort Fliegen trifft allerdings nicht ganz den Kern der Sache. Wenn der über 1,6 Tonnen schwere Brocken einmal in Fahrt ist, entsteht durch das klotzige Armaturenbrett und die sehr hohen seitlichen Bordwände für die Passagiere das Gefühl, in einer »rasenden Lokomotive« unterwegs zu sein, wie der Autojournalist Paul Frère einmal schrieb.

Die in jeder Situation ausreichend erscheinende Motorleistung führt zu einem souveränen, stresslosen Fahren.

Doch zu welchen Leistungen ist dieser italienische Supersportwagen nun tatsächlich fähig? Wie eine italienische Nudelsuppe muss das Triebwerk vor dem Genuss erst einmal angewärmt werden. Das kann eine Weile dauern. Besonders wenn nur im fünften Gang mit konstanter und mäßiger Geschwindigkeit gefahren wird, regt sich der Zeiger des Ölthermometers kaum. Immerhin müssen 13 Liter Öl erhitzt werden, die im System der Trockensumpfschmierung zirkulieren.

Nach einer halben Stunde heißt es endlich Feuer frei. Ein Tritt auf das steil stehende Gaspedal öffnet die Drosselklappen der vier 42er Weber-Doppel-Fallstromvergaser, das Heck sackt ein, das Grollen aus dem Auspuff wechselt in ein lautstarkes Gebrüll und der Ghibli schießt davon.

Das vorne platzierte imposante Leichtmetall-Triebwerk besitzt 4,9 Liter Hubraum und produziert 335 PS.

Im Test von *auto motor und sport* beschleunigte der Ghibli mit 4,7 Liter-Maschine in sieben Sekunden auf 100 km/h. Für die damalige Zeit ein guter Wert, aber auch nicht sensationell. Ein Iso Grifo erledigte diese Übung eine halbe Sekunde flotter.

Doch wo stecken die Qualitäten, die es rechtfertigten, dass der Ghibli im Jahre 1969 mit einem Preis von 73 140 Mark um 4500 Mark teurer war als ein Ferrari 365 GTB 4? Der Ghibli, benannt nach einem afrikanischen Wüstensturm, war nicht als Sprinter, sondern als komfortabler und schneller Reisewagen gedacht. Die serienmäßige Klimaanlage und das auf Wunsch erhältliche Automatikgetriebe deuten dies an.

Auch die Auslegung des Motors mit einem Drehmoment von 40 mkg (392 Nm) bei 4000/min entspricht diesem Charakter. Der Fahrer genießt dieses Kraftreservoir, das zu einem souveränen, stresslosen Fahren ohne ständige Schaltvorgänge führt. Ganz gleich, welcher Gang gerade eingelegt ist, stets steht genug Leistung zur Verfügung. Das ist auch deshalb erfreulich, weil das Schalten des ZF-Fünfganggetriebes einen gehörigen Kraftaufwand erfordert. »Das Schaltgefühl erinnert stark an mittelgroße Lastwagen«, stand damals im *auto motor und sport*-Test zu lesen. Stimmt, denn das Getriebe wurde vom Hanomag Kurier abgeleitet. Das Vierganggetriebe des Kleinlasters wurde um einen zusätzlichen Rädersatz für einen fünften Gang ergänzt.

Ohne die als Extra lieferbare Servounterstützung erweist sich auch das Lenken als mühselig – zumindest bei geringen Geschwindigkeiten. Aber für Schleichfahrten wurde der Ghibli nicht gebaut.

Als damals der Testwagen von *auto motor und sport* an der Tankstelle stand, um den Reifendruck auf 2,8 bar zu erhöhen, wussten Kenner der Betriebsanleitung Bescheid: Die Herren Tester hatten vor, »dauerhaft über 200 km/h« zu fahren. »Wir mussten uns im frühen Morgengrauen auf einen ganz bestimmten Autobahnabschnitt zurückziehen«, flunkerte Reinhard Seiffert. Michael Mehlin, der am Steuer des Ghibli saß, hat etwas andere Erinnerungen: »Wir führten die Messung der Höchstgeschwindigkeit im Feierabendverkehr bei Hockenheim durch, das ging damals noch.«

Fast alle Verkehrsteilnehmer verließen beim Herannahen des aggressiven Sportwagens fluchtartig die Überholspur. »Doch wir mussten auch ein bisschen Slalom fahren«, berichtet Mehlin von der aufregenden Messfahrt, die in dieser Form heute nicht mehr praktizierbar wäre. Das Ergebnis war eine Spitze von 274,8 km/h – der höchste bis dahin von *auto motor und sport* gemessene Wert.

Aber nicht nur auf der Geraden gehört der Ghibli zu den Schnellen. Trotz hinterer Starrachse, die gemessen an der bei Ferrari damals schon üblichen Einzelradaufhängung antiquiert wirkte, erreicht er hohe Kurvengeschwindigkeiten, mit der Tendenz zum Untersteuern. So können auch weniger geübte Fahrer mit dem Wagen schnell unterwegs sein.

Der Ghibli macht seinem Namen alle Ehre, wenn er mit hoher Geschwindigkeit über die Piste fegt. Doch im Gegensatz zu dem gleichnamigen Wüstensturm erweist sich das Auto stets als ausgesprochen gutmütig. Und das Tosen eines Sturmes klingt lange nicht so angenehm wie das Grollen eines Achtzylinders mit der Zündfolge eins, acht, vier, zwei, sieben, drei, sechs, fünf.

Text: Bernd Woytal
Fotos: Michel de Vries

Daten & Fakten Maserati Ghibli

Motor
Achtzylinder-V-Motor, Bohrung x Hub 93,9 x 85 mm (93,9 x 89 mm), Hubraum 4709 cm³ (4930 cm³), Verdichtung 8,75:1, Leistung 310 PS*, laut einigen Quellen 330 PS bei 6000/min (335 PS* bei 5500/min), maximales Drehmoment 45 mkg bei 4000/min (49 mkg); vier obenliegende Nockenwellen, kettengetrieben, fünffach gelagerte Kurbelwelle, Trockensumpfschmierung, vier Weber-Fallstrom-Doppelvergaser 40 DCNL 5 (42 DCNL)

Kraftübertragung
hydraulisch betätigte Zweischeiben-Trockenkupplung (später Einscheiben-Kupplung), Fünfganggetriebe

Karosserie/Fahrwerk
selbsttragende Stahlkarosse auf Rohrrahmen, vorne Einzelradaufhängung an Querlenkern und Schraubenfedern, Stabilisator, hinten Starrachse an Längsblattfedern, Stabilisator, rundum Teleskopstoßdämpfer, Scheibenbremsen, Kugelumlauflenkung, Reifen 205 VR 15, Felgen 7,5 x 15

Maße/Gewicht
Radstand/Länge 2550/4590 mm, Breite/Höhe 1800/1160 mm, Gewicht vollgetankt 1640 kg

Fahrleistungen/Verbrauch
(Achse 3,31, 4,7 Liter) Beschleunigung 0-100 km/h 7,0 s, Höchstgeschwindigkeit 274,8 km/h

Werte in Klammern für 4.9 SS;
*Leistung in DIN-PS nach deutscher ABE etwa 250 bzw. 270 PS

Bauzeit
1967 bis 1973

Stückzahl
1149 Coupé, 125 Spider

Clubs
Deutscher Maserati Club e.V., Rolf Deichmann, Postfach 6167, 40833 Ratingen, Fax: 02102/68416

▶ Der von Designer Marcello Gandini in Form gebrachte Wagen begeisterte nicht nur die Fachwelt.

1971

Lamborghini Miura SV und SV Jota (SVJ)

Keine Angst vor großen Stieren

▶ *Um kein Auto der Marke mit dem Stier im Signet ranken sich so viele Geschichten wie um den Lamborghini Jota, den stärksten aller Miura. Wir gehen der Sache auf den Grund: die Enthüllung einer Legende.*

1973 habe ich ihn aus den Augen verloren, diesen ganz speziellen Lamborghini Miura. Damals war ich Gymnasiast. Während sich mein speckiger Banknachbar, nicht ganz uneigennützig, zur blonden Metzgerstochter in unserer Klasse hingezogen fühlte, schwärmte ich für ganz andere Dinge. Sportwagen, besonders solche italienischer Machart, rasten durch meine Träume.

So fühlte ich mich sehr der Marke Lamborghini verbunden. Zugegeben, es war für einen pubertären jungen Mann schon etwas frustrierend zu lesen, dass selbst der Anlasser in Lambos frischem Pferd im Stall, dem Countach, stärker sei als sein Kreidler-Zweirad. Dennoch hatte das keine negativen Auswirkungen auf die Faszination, die Produkte des Hauses Lamborghini auf mich ausübten.

Der 1966 vorgestellte Lamborghini Miura führte die Reihe meiner Traumsportwagen an. Dieser von Designer Marcello Gandini in Form gebrachte Wagen begeisterte nicht nur die Fachwelt, sein Konzept mit aufwendigem Fahrwerk und dem als Mittelmotor quer eingebauten Zwölfzylinder ließ sogar die Autos des Konkurrenten Ferrari, wie den 275 GTB, mit einem Schlag veraltet aussehen.

Zu den typischen Miura-Merkmalen zählen die hinteren Lamellen, die später einmal ein Comeback als sportliches Zubehör für die Heckfenster biederer Familienkutschen feierten, und die wie Augenwimpern erscheinenden Ziergitter um die Frontscheinwerfer.

Aus den zunächst 350 PS bei 7000/min, die den Ur-Miura befeuerten, wurden in dem 1968 folgenden Modell Miura S 370 PS bei 7700/min. 1971 erreichte der

Erscheinungsbild? Flach am Boden kauernd, aggressiv, dynamisch – und wunderschön.

▶ **Im Zuge einer Totalüberholung dieses Wagens war das einst weiße Leder durch schwarzes ersetzt worden.**

Miura als SV seinen Zenit, zumindest was die Serienversion betraf. Der neue SV protzte mit 385 PS bei 7850/min und sah durch die nun von 1412 auf 1540 Millimeter verbreiterte Spur an der Hinterachse wesentlich aggressiver aus als die Vorgänger. Der SV wirkte männlicher, wohl auch, weil die hübschen Augenwimpern weggefallen waren. Kaum dass er präsentiert worden war, zeichnete sich auch schon sein Ende ab, denn der Nachfolger Countach stand bereits in den Startlöchern. Das Feuer meiner Begeisterung brannte nieder. Doch kurz bevor es erlosch, kippte jemand Benzin darüber. Die Flammen loderten empor wie nie zuvor.

Ein Bericht im *Kicker Sportmagazin* war die Ursache für diese neue Welle der Euphorie. Im Mittelpunkt stand der Wagen des Rennfahrers und damaligen Lamborghini-Importeurs Hubert Hahne. Zitat: »Dann kam der glückliche Tag, an dem glückliche Umstände und eine schwache Minute des Hubert Hahne uns in den Besitz dieses Fahrzeugs brachten. Wir durften mit dem Jota gegen Italien fliegen, ins Land seiner Väter.«

Der Jota, das war laut diesem Artikel eine den Wünschen Hahnes entsprechende, leichtere, sportlichere und straffer gefederte Ausführung des Miura. Übrigens tauchte der Name des wirklichen Jota-Vaters, Bob Wallace, in der Geschichte nicht einmal auf. Ich vermisste ihn auch nicht, hatte ich doch damals noch nie etwas von ihm gehört.

»440 PS sind es, die den 1100 Kilogramm schweren Jota

Aus den zunächst 350 PS, die den Ur-Miura befeuerten, wurden in dem 1968 folgenden Modell Miura S 370 und 1971 beim SV 385 PS. Der Jota schließlich sollte über 440 PS verfügen, der hier abgebildete Wagen immerhin über 390.

Der 110-Liter-Tank lag beim Miura vorne.

hinwegkatapultieren«, schwärmte der Autor Jens Ridde. Den Hubraum des Zwölfzylinders gab er mit unverändert 3,9 Liter an. Kritiklos nahm ich die genannten Leistungsdaten zur Kenntnis. Ja, sie begeisterten mich geradezu. Was musste das für ein Gefühl sein, mit solch einem Geschoss unterwegs zu sein? Der Bericht beantwortete meine Frage. Es war die Rede von dem Jota-Fahrer, der dem toten Metall Leben einhaucht, der genügend Erfahrungswerte gespeichert haben sollte, um vorausschauend fahren zu können, und der angesichts dieses Leistungspotentials völlig aggressionslos bleibt. »Ist eine Verkehrssituation nicht ganz klar, geht man vom Gas. Was soll's. Den Geschwindigkeitsverlust holt man im Lamborghini schnell wieder auf.«

Mitten aus der voluminösen Haube wuchs wie ein Pilz der Tankschnellverschluss heraus.

Das Konzept des Miura mit aufwändigem Fahrwerk und dem als Mittelmotor quer eingebauten Zwölfzylinder ließ die Autos der Konkurrenten mit einem Schlag veraltet aussehen.

Schilderungen wie die der Start-Zeremonie machten mich als Leser auch mit den Feinheiten des Wagens vertraut. »Nun eine kleine Drehung am Zündschlüssel, und nervös beginnt die elektrische Benzinpumpe den Kraftstoff vom vorne liegenden 110-Liter-Tank zu den Vergasern zu fördern. Sie rasselt so nervös, als habe sie Angst, dass ihr der Fahrer mit dem Startvorgang zuvorkommen könnte.«

Mit großer Spannung las ich, wie sich der Chauffeur auf seiner Fahrt gen Süden langsam in die höheren Geschwindigkeitszonen vortastete: »... wurde jetzt bis 6000/min gedreht (255 km/h), in Richtung Modena war es dann möglich, bis etwas über 6500/min zu drehen (echte 280 km/h)«. All dies wirkte so mitreißend, dass ich die Geschichte schließlich auswendig kannte im Gegensatz zu meinen Lateinvokabeln.

Das war 1973, und von Hahnes Jota habe ich nie mehr etwas gehört. Jedenfalls bis zum Frühjahr 1995. Da entdeckte ich (mittlerweile zum *Motor Klassik*-Redakteur gereift) während der Techno Classica in Essen auf dem Stand des Autohauses Kremer aus Bonn einen Miura Jota mit dem Hinweis »Ex-Hubert-Hahne«. Plötzlich tauchte in meiner Erinnerung wieder jene Geschichte im Kicker auf. Doch der Wagen damals war schwarz, während dieser hier in Silber strahlte. Mir ließ das Auto keine Ruhe mehr. Monate später konnte ich Lamborghini-Händler Kremer dazu bewegen, *Motor Klassik* dieses Fahrzeug für eine Geschichte zur Verfügung zu stellen.

Es war, als sollte ich einen alten Bekannten wiedersehen. Ein Gefühl aus Spannung und Neugier begleitete mich bei der Anreise. Wie sich mein »Bekannter« wohl verändert hat? Was ihm seit damals widerfahren ist? Ob er noch der Alte ist?

Und dann stand er vor mir, flach am Boden kauernd, aggressiv, dynamisch und wunderschön. Die Unterschiede zum Serien-Miura fallen sofort ins Auge. Da sind zunächst die endlosen Reihen von Nieten, mit denen die Aluteile, etwa Front- und Heckhaube, wie bei Flugzeugen vernietet sind. Harmonisch fügen sich die aerodynamisch günstigen Plexiglas-Verkleidungen über den Scheinwerfern in die Front ein. Und mitten aus der voluminösen Haube wächst wie ein Pilz der Tankschnellverschluss heraus.
Hinter den Radausschnitten und in der Heckschürze sind feinmaschige Drahtnetze zwecks besserer Belüftung eingenietet. Die Abgasanlage ist anders geführt und mündet aufgrund der geringeren Bodenfreiheit des SVJ nicht unter, sondern in dem über die ganze Wagenbreite gezogenen Wabengitter. Und das Gebrüll, das den vier Endrohren entweicht, führt zu rasendem Pulsschlag und einer deutlichen Gänsehaut. Dieser SV Jota scheint die Brisanz einer Ladung Nitroglycerin zu haben.
Doch es geht noch brisanter. Denn Vorbild für diesen SV Jota war ein Fahrzeug, das sich der damals bei Lamborghini angestellte Testfahrer Bob Wallace gebaut hatte. Bob Wallace ist Neuseeländer und ein Autonarr. Er prägte die Lambos bis hin zum Countach, denn er nahm die Versuchs- und Einstellungsfahrten vor. In der Literatur ist viel und widersprüchlich über den Jota von Wallace geschrieben worden. Daher holte ich mir bei dem heute in Amerika lebenden Wallace die Informationen aus erster Hand und erfuhr Überraschendes.
»Unsere Autos waren damals nicht perfekt, dazu waren wir zu jung, noch zu unerfahren, und es fehlte manchmal das nötige Geld. Aber es hat in jedem Fall gereicht, den Konkurrenten Ferrari zu erschrecken«, erzählt der 1937 geborene Wallace. Sein Gedächtnis in Sachen Lamborghini funktioniert hervorragend.
»Die Leistungsangaben der Motoren waren gepuscht, aber das machten damals alle so. Jeder, der logisch denken kann, hätte das merken müssen. Für ein Serientriebwerk waren damals 80 bis 90 PS pro Liter realistisch, der Miura hatte in Wirklichkeit so zwischen 320 und 330 DIN-PS.« Auf die Frage, ob es stimme, dass die Miura bei hohen Geschwindigkeiten zum Abheben neigen, meinte Wallace: »Nicht unbedingt. Ich habe beim Jota zwar auf einen Spoiler zurückgegriffen, doch die Legende vom fliegenden Miura gründet sich hauptsächlich auf die Sache mit José Rosinski, dem Testfahrer von *sport*

Zu den typischen Miura-Merkmalen zählten die hinteren Lamellen.

Der Jota war eine leichtere, sportlichere und straffer gefederte Ausführung des Miura.

auto. Ihm haben wir damals heimlich einen Miura mit stärkerer Maschine untergejubelt. Ich hatte keine Zeit mehr, das Ding vorher zu testen, und Rosinski hat dann damit vorne abgehoben. Danach hat er kein Wort mehr mit mir gesprochen.«

Den Miura mochte Wallace besonders, weshalb er sich daraus Ende der sechziger Jahre ein Spielzeug baute. »Ich wollte zeigen, dass man dieses Auto viel leichter bauen kann. Das Chassis hatte nichts mehr mit dem des Serien-Miura zu tun. Ich habe Leichtmetall verwendet, auch für die Karosserie. Das komplette Auto wog nur 902 Kilogramm.«

Die oftmals angegebene Leistung von 440 PS des Jota-Motors verweist er ins Reich der Legende. »Völlig unrealistisch, wenn man vergleichsweise die Literleistungen damaliger Rennwagen heranzieht. Der Jota hatte zwischen 404 und 407 PS bei 8000/min. Der Wagen war sehr schnell und gut im Handling.«

Obwohl der Jota im Prinzip ein, Rennwagen war, sah er niemals eine Startflagge. Zwar entstand sein Name in Anlehnung an den Anhang J des FIA-Reglements für Gruppe-6-Fahrzeuge (Jota ist bekanntlich die griechische Bezeichnung für den Buchstaben J). Doch der

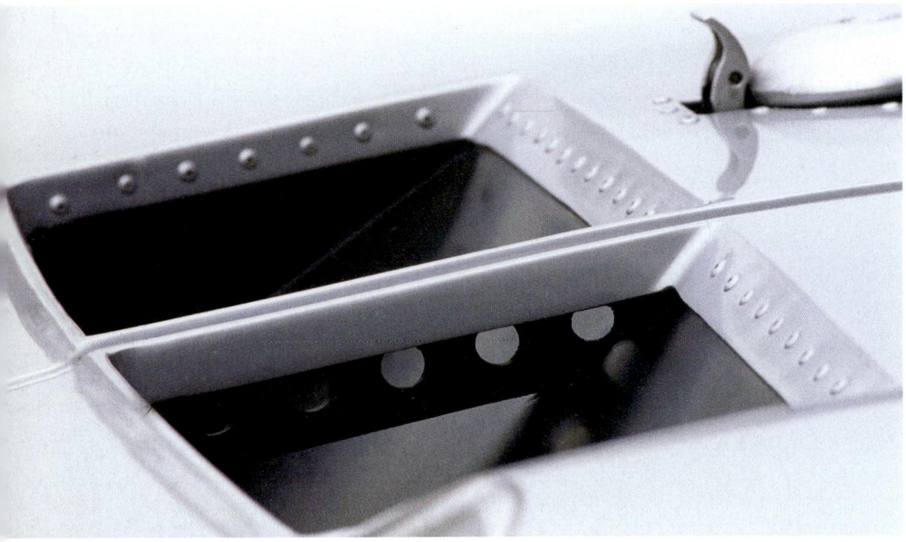

▶ **Wie bei Flugzeugen sind die Aluteile mit endlosen Reihen von Nieten befestigt.**

Chef, Ferruccio Lamborghini, hatte für Renneinsätze nichts übrig.

Was geschah jedoch mit diesem Jota? »Als ich ihn aufbaute, hatte er keine Chassisnummer. Er bekam erst eine – welche, weiß ich nicht mehr – als er an einen Industriellen aus Brescia verkauft wurde. Doch dessen Mechaniker setzte den Jota an eine Brücke und zerstörte ihn. Den Motor haben wir, etwas leistungsreduziert, in einen nach offiziellem Ende der Produktion gebauten Miura für Walter Wolf eingepflanzt.«

Das Ende einer Geschichte? Nicht ganz, denn einige Kunden wünschten sich ebenfalls einen Jota. Das Werk baute daraufhin Replikate auf Miura-SV-Basis; Wallace erinnert sich an vier. (In der Literatur tauchen die Chassisnummern von insgesamt sechs zu Jota umgerüsteten Wagen auf.) »Die Änderungen gegenüber der Serie waren hauptsächlich kosmetischer Art, und ein bisschen lauter waren sie. Doch sie hatten nichts mit dem wirklichen Jota zu tun, im Vergleich dazu waren das – also hier in Amerika sagt man dazu Bull-shit-cars.«

Dieses harte Urteil trifft jedoch nicht auf den SVJ von Hubert Hahne zu, jenes Fahrzeug mit der Fahrgestellnummer 4860 – meinen alten Bekannten.

Verändert hat er sich in den Jahren seit 1973 schon. Er ist alt und grau geworden, denke ich im ersten Moment, denn ich habe ein schwarzes Auto in Erinnerung. Doch der Eindruck täuscht, die silberne Lackierung ist makellos. Auch im Innenraum hat sich einiges getan. Das einst weiße Leder ist nun durch schwarzes ersetzt worden, verschwunden sind die ehemals auf der Mittelkonsole montierten Heuer-Stoppuhren und das dicke Formel-1-Lenkrad.

Er hat ein bewegtes Leben hinter sich, dieser Miura Jota. Hubert Hahne hatte ihn an jemand verkauft, der vorwiegend Porsche-Rennwagen sammelte. Seine Leidenschaft wurde ihm zum Verhängnis. Er verlor sein Leben bei einem privaten Training mit einem Porsche 917 auf dem Nürburgring; Nummer 4860 war zum Stillstand gezwungen.

Als ihn dann ein Bekannter der Witwe wieder auf die Straße holte, löste sich an einem der Vergaser eine Benzinleitung. Kraftstoff tropfte auf den heißen Auspuff und entzündete sich. Glücklicherweise konnte der Wagen gerettet werden, aber eine Totalüberholung war fällig, die Ende der achtziger Jahre im Lamborghini-Werk durchgeführt wurde. Seitdem ist der Wagen silbern.

Heute befindet er sich in der Obhut eines Lamborghini-Sammlers, der bisher noch keine Zeit gefunden hat, ihn zu fahren.

Ganz im Gegensatz zu seinem Erstbesitzer; Hubert Hahne hat einiges mit dem Wagen erlebt.

»Ich habe ihn mir damals in Schwarz bestellt. mit etwas modifiziertem Fahrwerk, längerer Achsübersetzung und getuntem Motor«, erzählt Hahne, womit sich sein Wagen eindeutig von den »Bull-shit-Exemplaren« distanziert. »Als ich ihn im Werk abholte, stand Ferruccio Lamborghini persönlich daneben und hielt die Polierwatte in der Hand. Ihm lag das Auto wohl sehr am Herzen.«

Die Leistung der etwa 390 PS starken Rakete hat Hahne natürlich so oft wie möglich ausgelotet. »Einmal habe ich auf der Autobahn in Italien einen Polizeiwagen mit Blaulicht überholt. Ich musste lachen, doch das verging mir schnell. Die Polizisten hatten anscheinend per Funk ihre Kollegen alarmiert, die mich stoppten. Sie haben mich dann gefragt, wie schnell ich gefahren sei, und ich habe gesagt: tre cento. Dieser Miura dürfte der einzige sein, der 300 km/h geschafft hat. Jedenfalls waren die Polizisten von der Zahl so begeistert, dass ich mit 50 000

Lire davonkam. Ich fragte dann, ob ich noch mal 300 fahren dürfe, und sie antworteten lachend: Si, si.«
»Etwas unangenehmer habe ich die Situation in Erinnerung, als das Gaspedal bei Vollgas hängen blieb. Ich fuhr auf eine Spitzkehre zu und drehte mich. Als ich dann später einen Journalisten über den Nürburgring chauffierte, passierte das gleiche, und wieder drehte ich mich. Ich ließ den Wagen daraufhin genau inspizieren. Als Ursache entpuppte sich ein Kirschkern, der das Pedal zum Klemmen brachte. Meine damalige Frau aß sehr gerne Kirschen, und da muss wohl einer der Steine in den Fußraum und in das Pedalgestänge geraten sein. Der Journalist hielt den Dreher damals übrigens für eine zusätzliche Showeinlage.«

Apropos Journalist. Wer war denn dieser Jens Ridde, der den Bericht im Kicker verfasst hat? »Das war mein Bruder Wilhelm. Damals hat das Auto keiner gefahren außer mir, bis auf diese Ausnahme mit meinem Bruder.«
Und wie die Geschichte zeigt, hatten selbst bis zum heutigen Tage nur wenige Personen das Glück, dieses Auto zu fahren. Um so erfreuter bin ich darüber, dass ein paar Meter auf dem Kilometerzähler auch von mir stammen. 1973 hätte ich noch nicht einmal im Traum daran gedacht.

Text: Bernd Woytal
Fotos: Reinhard Mutschler

Daten & Fakten Lamborghini Miura SV und SV Jota (SVJ)

Motor
Zwölfzylinder-V-Motor (60 Grad), quer vor der Hinterachse eingebaut, Bohrung x Hub 82 x 62 mm, Hubraum 3929 cm³, Verdichtung 10,7:1, Leistung 385 PS (283 kW, Werksangabe) bei 7850/min, maximales Drehmoment 40,7 mkg bei 5750/min, Motor aus Leichtmetall, siebenfach gelagerte Kurbelwelle, vier obenliegende Nockenwellen, über Kette angetrieben, hängende Ventile (70 Grad), über Tassenstößel betätigt, gemeinsame Schmierung von Motor, Getriebe und Differenzial, spätere SV-Modelle und die SVJ getrennte Schmierung, Gemischaufbereitung durch vier Weber-Fallstrom-Dreifachvergaser (SVJ: sechs Fallstrom-Doppelvergaser)

Kraftübertragung
Hinterradantrieb, Einscheiben-Trockenkupplung, Fünfgang-Getriebe, Übersetzungen: I. 2,52, II. 1,735, III. 1,225, IV. 1,0, V. 0,815

Karosserie/Fahrwerk
Kastenrahmen mit halbselbsttragender Karosserie, vorne und hinten Einzelradaufhängung an zwei übereinander angeordneten Dreieckslenkern, Schraubenfedern mit innenliegenden Dämpfern, Scheibenbremsen, Zahnstangenlenkung, Reifen GR 70 VR 15 (SVJ: vorne/hinten 225/60 VR 15/275/55 VR 15)

Maße/Gewicht
Radstand/Länge 2500/4360 mm, Breite/Höhe 1760/1100 mm, Spur vorn/hinten 1412/1540 mm, Gewicht leer 1265 kg (Gewicht SVJ: ca. 1100 kg)

Fahrleistungen/Verbrauch
Höchstgeschwindigkeit 281 km/h, Beschleunigung 0-100 km/h 6,5 s (Messwerte für Miura S)

Bauzeit
1971 bis 1973 (Miura SV)

Stückzahl
150 Miura SV, darunter mindestens vier SVJ

Clubs
Lamborghini Classic Club Germany, Peter Wolf, Kurlandstraße 45, 90453 Nürnberg, Telefon 0911/63290222, www.lccg.de

International Lamborghini Owners Club e.V., Heinz Goebel, Am Dieburger Berg 2, D-64354 Reinheim/ Zeilhard, Telefon: 06162/5226, Email:heinzespada@web.de

1963

Chevrolet Corvette Sting Ray

Manhatten Transfer

Ihren 46. Geburtstag erlebt in diesem Jahr die erste Chevrolet Corvette, die den Zusatznamen Sting Ray trug. Motor Klassik feiert stilgerecht auf der Bühne, die einen Hauch von Amerika verbreitet – auf den Straßen der Mainmetropole Frankfurt.

▶ **Amerika am Main: Vor der Skylline der Metropole Frankfurt erlebt die Corvette Sting Ray dezente Heimatgefühle. Das geteilte Heckfenster zeugt von einer Zeit, als die Form noch wichtiger sein durfte als die Funktion.**

Nein, sagte Bill Mitchell, Design-Chef bei General Motors, energisch. Nein – die in Längsrichtung verlaufende Strebe inmitten des Heckfensters der neuen Corvette müsse exakt so bleiben, wie er sie sich vorgestellt habe.

Auf der Gegenseite argumentierten zwei Herren für eine andere Lösung: Larry Shinoda, Designer, und Zora Arkus Duntov, Cheftechniker, plädierten für eine durchgängige Heckscheibe, um den Fahrern die ungehinderte Sicht nach hinten zu ermöglichen.

Doch Mitchell setzte sich schließlich durch und begründete damit eine Legende, die für Corvette-Liebhaber mit »split window« betitelt ist: Die neue Chevrolet Corvette des Modelljahres 1963, die zum ersten Mal den Zusatz Sting Ray an ihr Typenschild geheftet bekam, trug auf ihrem Rücken eine breite Kante. Sie unterteilte das Heckfenster eindrucksvoll in zwei Hälften – Anfang der sechziger Jahre durfte die Form bisweilen noch wichtiger als die Funktion sein, die Losung »Form follows function« galt noch nicht für alle Autos.

Ganz im Gegenteil – beidhändig griff Mitchell in die

Ein Steg, der Geschichte schrieb: Das geteilte Heckfenster kennzeichnet die erste Stin Ray-Version von 1963.

große Kiste der Gestaltungsmöglichkeiten und überhäufte den Sting Ray mit einer Vielzahl optischer Spielereien, Schnörkel und Details, denen nur in den wenigsten Fällen konstruktive Bedeutung zukam: Die beiden Lüftungsgitter in der Motorhaube ließen Luftströme nur wenige Millimeter tief eindringen, denn die Sicke in der Kunststoffhaube war geschlossen. Die breiten Vertiefungen in der B-Säule und zwischen Vorderrädern und Türen dienten ebenso nur der Optik und keineswegs der Belüftung. Und die deutlich nach oben gewölbten Kotflügel brauchten auch keine überdimensionalen Räder aufzunehmen, bilden jedoch einen herrlichen Kontrast zur kantigen Grundform der Corvette. Diese findet sich auch schon in der GM-Rennwagenstudie Stingray – dieses Mal als ein Wort geschrieben – von 1960/61.

Mit ihren Kanten schmückte sich die Serien-Corvette nun erstmals. Denn die erste, zehn Jahre zuvor eingeführte Corvette-Reihe erfreute Amerika und den kleinen

▶ Halbrunde Ausbuchtungen sorgen auf dem Sting Ray-Armaturenbrett für getrennte Verhältnisse. Die verspielten Instrumente erregen mit ihren konisch nach innen verlaufenden Zifferblättern Aufmerksamkeit.

Rest der Welt noch mit ausschließlich runden Formen. Als die Verkaufszahlen jedoch zum Sturzflug ansetzten, wurde bei GM ein Nachfolgemodell auf die indifferenten Diagonalreifen gestellt. Ganz anders als der softe Vorgänger erlebten die amerikanischen Highways nun einen US-Sportwagen, der mit seiner spitzen Schnauze aggressiv sein Vorrecht auf der Überholspur deutlich machte. Unter den gemütlichen Straßenkreuzern in den Wolkenkratzer-Schluchten New Yorks wirkte der Sting Ray alles andere als amerikanisch, galt aber trotzdem als schick.

Einen Sportwagen wie die Briten im fernen Europa wollte Mitchell seiner Kundschaft präsentieren, und er hatte

OL-JL711

▶ Die Kuststoffkarosserie trägt zahllose optische Details zur Schau, die selten wirklich Bedeutung tragen.

▶ Unter der Motorhaube blubbert ein 5,4 Liter großer V8, auf der Armaturentafel dominieren Chrom und Schnörkel.

dabei ein ganz bestimmtes Vorbild im Kopf: Der Jaguar E-Type hatte es dem Amerikaner derart angetan, dass er die Raubkatze sogar zu einem seiner Lieblingsfahrzeuge erkor.
Doch bei der Realisierung des eigenen Projekts gingen die Amerikaner völlig andere, für sie gewohnte Wege. Um das Gewicht des Sportwagens in Grenzen zu halten, blieben die GM-Ingenieure der schon bei der ersten Corvette-Reihe eingeführten, seinerzeit sehr modernen Kunststoffkarosserie treu. Und anstelle filigraner und aufwendiger Motorentechnik erhielt auch der Sting Ray die Grundausstattung eines ordentlichen, amerikanischen Fahrzeugs: viele Zylinder, noch viel mehr Hubraum-Inhalt und einen einzigen, aber opulenten Vergaser. Der V8-Motor der ersten, inzwischen 30 Jahre alt gewordenen Corvette Sting Ray besitzt das US-Gardemaß von 327 cubic inches, eine Zahl, die uns Europäern in Form von 5359 cm3 verständlicher wird.
250 SAE-PS lieferte der simple, mit einer zentralen Nockenwelle ausgerüstete Motor in seiner Basisversion an die angetriebene Hinterachse, auf Wunsch durften es auch 300 PS sein. Für besonders leistungshungrige Corvette-Piloten bot Chevrolet zudem auch Leistungsvarianten mit 340 und 360 PS an, wobei sich letztere den Luxus einer Einspritzanlage genehmigten.
Neben der völlig umgekrempelten Optik der neuen Corvette erlebte auch das Fahrwerk eine Renovierung. Zora Arkus Duntov war es, der sich der inneren Wertsteigerung annahm. Fortan stemmte sich die Corvette mittels einzeln aufgehängter Räder auf den Boden der Tatsachen. Einzig die modernen Schraubenfedern ließen sich aus Platzgründen nicht an den Hinterradaufhängungen des Sting Ray unterbringen, sodass sich eine konventionelle Querblattfeder von Rad zu Rad erstreckte – eine Maßnahme, mit der Duntov nicht überall Zustimmung erntete. GM-Chefingenieur Harry Barr entrüstete sich: »Eine Querblattfeder, mein Gott, die stammt ja aus der Zeit des T -Modells.«
Tatsächlich klaffen Anspruch und Wirklichkeit beim Sting Ray etwas auseinander. Obwohl die Tester von auto motor und sport dem amerikanischen Sportwagen 1963 attestierten, er biete auch bei schneller Fahrt auf nicht besonders guten Straßen ein sehr gutes Sicher-

Der Sting Ray mit seiner Kunststoff-Karosserie auf stabilem Kastenrahmen ist eines der Kultautos der sechziger Jahre. Die schönen Formen und die geteilte Heckscheibe bescheren.

Ein Schuss Corvair: In manchen Details erinnert der Sting Ray an den zeitgleich angebotenen Mittelmotor-Wagen

heitsgefühl, bleiben Sting Ray-Fahrer heute bei hohen Geschwindigkeiten vorsichtig. Denn die Aerodynamik des Coups ist, weiß Corvette-Spezialist Rolf Gersch aus Mainz, so schlecht, dass sich bei hohen Tempi die Bodenhaftung deutlich verringert und sich der Sting Ray weit aus den Federn hebt.

Diese für deutsche Straßenverhältnisse disqualifizierende Eigenschaft bleibt jedoch nebensächlich, wenn Fahrer und Wagen dem Boulevard-Cruising frönen – idealerweise dort verwirklicht, wo Deutschland am amerikanischsten ist; vor den Wolkenkratzern Mainhattans, in Frankfurt am Main...

Corvette-Spezialist Gersch restaurierte auch die auf diesen Seiten präsentierte Geburtstags-Corvette Sting Ray des Baujahres 1963. Das silberblaue (silver blue) Split window—Coupé entstammt nicht nur der ersten Sting Ray-Serie, sondern entpuppt sich beim genauen Hinsehen als besonders seltene Rarität. Selbst der Besitzer, Peter Rathke aus Freiburg, wurdc crst auf dieses Special aufmerksam, als er den Wagen 1985 bereits von Amerika nach Deutschland geholt hatte: Ein kleines Schild am rechten Heckfenster entlarvt die Corvette als eines der wenigen Modelle mit Klima-Anlage.

Dieses kühlende Zubehör wurde 1963 überhaupt zum ersten Mal in der Corvette angeboten und lediglich in 274 Fahrzeugen eingebaut. Die Kunden mussten 1963 für wohltemperiertes Innenraum-Klima zum Sting Ray-Neupreis von 4252 Dollar zusätzlich 421 Dollar für die Air Conditioning beim General Motors-Händler auf den Tresen legen. Insider erkennen die 63er Corvette indes nicht nur an dem auffälligen, geteilten Heckfenster, das schon 1964 zugunsten einer durchgehenden und somit besseren Rückblick gewährenden Scheibe abgeändert wurde. Der große, mittig auf dem Heckteil angeordnete Tankdeckel-Verschluss besitzt in diesem Baujahr ein

größeres Signet und einen schmaleren Chromrand als in den Folgejahren, und die beiden Lüftungsgitter-Attrappen auf der Motorhabe werden ebenfalls nach einem Jahr von der Ausstattungsliste gestrichen.
Der uneingeschränkte Gestaltungstrieb der amerikanischen Designer zeigt sich nicht nur in vielen Detaillösungen an der Karosserie, sondern setzt sich auch im Innern des Zweisitzers fort. Die Passagiere blicken auf eine symmetrische Armaturentafel, die sich auf jeder Seite halbkreisförmig gen Windschutzscheibe erstreckt. Vor den Augen des Beifahrers glänzt ein großes Handschuhfach, das lediglich bei der 63er Version komplett aus Plexiglas besteht und einen in den Kunststoff eingebetteten Corvette-Schriftzug trägt. Schon im folgenden Jahr erhielt der Sting Ray ein metallenes Fach mit aufgesetztem Schriftzug.
Die Fahrerseite gibt sich mit ihrem Rundinstrumenten weitaus abwechslungsreicher, und selbst bei den einzelnen Instrumenten kennt die Gestaltungs-Spielerei keine Grenzen: Das Zentrum der Instrumentenscheiben wölbt sich konisch nach innen, jeder einzelne Zeiger passt sich dieser Form an und wächst förmlich aus dem Nichts dem Fahrer entgegen.
An den Türen finden sich kleine, verchromte Fensterkurbeln. Sie dienen keineswegs dazu, die Seitenscheiben zu öffnen, denn diese funktionieren, wie es sich für ein amerikanisches Auto gehört, per Knopfdruck und Elektromotor. Aufkurbeln lassen sich jedoch die vorderen Ausstellfenster in den Türen.
Weniger Fingerspitzengefühl bewiesen Bill Mitchell und seine Kollegen indes bei der Gestaltung der Radioantenne. Sie ragt derart deplatziert und auffällig aus dem linken hinteren Kotflügel empor, dass US-Fans geradezu die Stars and Stripes-Flagge daran aufhängen könnten. Denn völlig versenken lässt sich die Antenne nicht, und nach der bis 1967 üblichen elektrischen Betätigung reduzierte GM das verchromte Röhrchen sogar auf einen feststehenden, aber immerhin mit einem Handgriff demontierbaren Mast.
Dies ist aber nicht der einzige Lapsus bei der Corvette Sting Ray. Bill Mitchell hätte angesichts seines geliebten geteilten Heckfensters getrost auf den Innenspiegel verzichten können. Denn der nützt beim Split window wirklich überhaupt nichts.

Text: Ulrich Bethscheider-Kieser
Fotos: H. D. Seufert

Daten & Fakten Chevrolet Corvette Sting Ray

Motor
Achtzylinder-V-Motor (90 Grad) längs hinter der Vorderachse eingebaut, Bohrung x Hub 101,6 x 82,6 mm, Hubraum 5359 cm³, Verdichtung 10,5:1, Leistung 250 oder 300 PS bei 4400/min (wahlweise auch 340 oder 360 PS); Grauguss-Zylinderblock, eine zentrale Nockenwelle, Antrieb über Kette, hängende Ventile mit hydraulischen Ventilstößeln, über Stoßstangen und Kipphebel betätigt; Gemischaufbereitung über einen Carter-Viefach-Fallstromvergaser AFB.

Kraftübertragung
Hinterradantrieb, vollsynchronisiertes Vierganggetriebe, Übersetzungen: I. 256, II 1,91, III. 1,48, IV. 1,0, R. 2,64, Achse 3,36.

Karosserie/Fahrwerk
Kunststoffkarosserie auf Kastenrahmen, vorn Einzelradaufhängung an Trapez-Dreieckslenkern und Schraubenfedern, hinten Einzelradaufhängung an Längs- und Querlenkern, Querblattfeder; Trommelbremsen rundum; Kugelumlauflenkung; Bereifung 6,70-15.

Maße/Gewicht
Radstand/Länge 2490/4453 mm, Breite/Höhe 1768/1265 mm, Leergewicht 1400 kg.

Fahrleistungen/Verbrauch
Höchstgeschwindigkeit 229 km/h; Beschleunigung 0–100 km/h 6,6 s.
Stückzahl: 10594 Split window-Coupés, davon 274 mit Klimaanlage.

1966

Dodge Charger 426 Hemi »Lawman«

Hemi Finale

▶ *Kaum ein anderer amerikanischer V8 genießt solch kultische Verehrung wie der Hemi-Motor von Chrysler. Für NASCAR-Rennen gedacht, wanderte er 1966 in den neuen Dodge Charger. Motor Klassik fuhr ein ganz besonderes Exemplar des Coupés.*

Ruhe im Gerichtssaal, der Lawman spricht: Dodge 426 Hemi.

Grand Rosenbusch ist besorgt. »Und gib erst dann richtig Gas, wenn die Vorderräder wieder geradeaus stehen«, sagt er, bevor er die Tür schließt. Ich kann Brand verstehen, schließlich ist er für die Fahrzeuge aus dem Fuhrpark des Walter E. Chrysler Museums in Auburn Hills verantwortlich, und er hat mir gerade eines seiner wertvollsten und wildesten Exponate für einen Ritt auf der Einfahrbahn des Werksgeländes überlassen. Der Dodge, mit dem ich jetzt langsam vom Parkplatz auf die Strecke rolle, ist nicht nur einer von den 586 gebauten Charger mit Hemi-Motor aus dem Jahr 1966, es ist der echte, originale »Lawman«, ein Charger mit Geschichte. Einer langen Geschichte.

Sie beginnt 1964. Damals erinnerte man sich bei Chrysler an den Hemi-Motor der fünfziger Jahre. Sie bauten eine 6974 cm3 große Variante des betagten Hochleistungs-V8, um damit bei den sehr beliebten NASCAR-Rennen abzusahnen. Das klappte so gut, dass die NASCAR-Legende Richard Petty 1965 in einem Hemi-befeuerten Plymouth den ersten seiner insgesamt sieben Meistertitel holte und fürderhin nur noch Fahrzeuge mit Serienmotoren erlaubt waren.

Chrysler konnte also nur im Rennen bleiben, wenn man Straßenautos mit dem teuren und vergleichsweise aufwendigen Renntriebwerk ausrüstete. Das Resultat war der Dodge Hemi-Charger, nichts anderes als ein leicht modifizierter Dodge Coronet – kaum das richtige Instrument, um dem ein Jahr zuvor wie eine Bombe eingeschlagenen Ford Mustang etwas entgegenzusetzen.

Für das Modelljahr 1966 musste ein richtig sportliches Fastback-Modell her. Man schritt im Chrysler-Hauptquartier in Highland Park mit beeindruckender Geschwindigkeit und Konsequenz zur Tat: Bereits 1965 wurde eine Charger II genannte Designstudie auf verschiedenen Autoshows herumgezeigt.

Die Studie zeigte ein Coupe mit meilenweitem Radstand, unamerikanisch klaren Linien und ein paar verspielten Details wie dem durchgehenden Leuchtenband am Heck und dem ebenso durchgehenden Kühlergrill im Elektrorasierer-Stil ohne sichtbare Scheinwerfer. Die Resonanz von Publikum und Presse war ermutigend. »Schraubt Stoßstangen dran und lasst die Kiste vom Band laufen«, lautete der Tenor der Fachkritiker.

Ein paar Kleinigkeiten mussten dann zum Serienanlauf doch geändert werden. Schließlich sollte der Unterbau des Coronet drunterpassen, aber die Linienführung und die charakteristischen Front- und Heckpartien blieben dem Serienmodell erhalten.

»Setz einen davon in deine Einfahrt und sieh zu, wie deine Nachbarn grün werden«, riet ein Dodge-Prospekt kurz nach der Präsentation des neuen Coupés. Brand ist nicht grün vor Neid, aber ein wenig gelb vor Sorge ist er

Historie

1965
Vorstellung der Design-Studie Charger II auf verschiedenen Autoshows.

1966
Der Dodge Charger wird in der Halbzeitpause eines Football-Spiels in der Rose Bowl von Pasadena präsentiert.

1968
Der Facegeliftete Nachfolger wird in verschiedenen Versionen vorgestellt.

1969
Der Charger Daytona mit Hemi-Motor, Heckflügel und verkleideter Front erscheint.

1972
Erneutes Facelifting, der Hemi-Motor ist nicht mehr im Angebot.

1975
Mit dem Modellwechsel mutiert der Charger endgültig zum Luxuscoupé.

1978
Der Name Charger verschwindet aus dem Modellprogramm.

▶ **Die Scheinwerfer verbergen sich hinter einem die ganze Fahrzeugbreite einnehmend integriert.**

schon. Dabei hat er eine Runde auf dem Beifahrersitz neben mir absolviert, bevor er mir den grünweißen Charger für eine Solofahrt überlässt. Denn, wie gesagt, der Lawman ist nicht irgendein Hemi-Charger. Es ist wahrscheinlich das einzige Exemplar seiner Modellreihe, das nie verkauft wurde, nie ein offizielles Nummernschild trug und sich immer noch im unrestaurierten Originalzustand befindet.

▶ **Mit dynamischem Schriftzug wird verschleiert, dass der Charger im Grunde genommen nicht mehr ist als ein Coronet Hardtop mit Fließheck und verdeckten Scheinwerfern.**

▶ Vier sportliche Rundinstrumete inklusive Drehzahlmesser: Die Kommando-Zentrale im Charger.

▶ Die beiden getrennten und umklappbaren Einzelsitze hatte der Charger nur im ersten Jahr. Bereits im Modelljahr 1967 war daraus eine durchgehende Sitzbank geworden.

Zum Hemi-Paket gehörte nicht nur der 426er-Motor, sondern auch strafferes Fahrwerk, bessere Reifen und vergrößerte Trommelbremsen. Vordere Scheibenbremsen standen auf der Aufpreisliste.

Für die Rennstrecke gebaut: Ein Hemi-Charger gewann die »NASCAR Grand National Championship«.

Der Hemi-V8 war erstmals 1951 unter der Haube des Chrysler Saratoga zu bewundern, wurde 1959 in den einstweiligen Ruhestand versetzt und feierte dann 1965 seine glorreiche Wiederauferstehung.

Das ursprünglich weiße Auto war der erste Test-Charger. Er verließ am 1. April 1966 die Fertigungsstraße in der Lynch Road und wurde von diversen Motorjournalisten getestet. Danach vertraute der damals für den Verkauf zuständige Vizepräsident Byron Nichols das Auto dem Drag-Racer Elton »Al« Eckstrand an. Dieser stand damals als Rechtsanwalt in Chrysler-Diensten, weshalb er seine Rennautos mit goldenen »Lawman«-Schriftzügen garnierte. Eckstrand hatte seine aktive Karriere 1965 beendet und sich angesichts der steigenden Unfallzahlen – in dem Jahr wurden in den USA über 50 000 Menschen bei Verkehrsunfällen getötet – der Verkehrssicherheit verschrieben.

Ein großer Teil dieser Verkehrstoten waren junge Soldaten, die aus Europa und Südostasien zurückkehrten und sich von ihrem Sold Musclecars kauften, um bei illegalen Drag-Rennen zu verunglücken. Eckstrand und der Dodge flogen nach Europa, wo sie den GI im Auslandseinsatz sicheres Autofahren beibrachten – und nebenbei an einigen Dragracing-Veranstaltungen teilnahmen.

Das Verkehrssicherheitsprogramm wurde in den folgenden acht Jahren fortgesetzt, auch mit anderen Fahrzeugen von Chrysler und Ford, unterstützt vom US Marine Corps. Die beiden reisten bis nach Vietnam, wo sie das Programm des Southeast Asia War Theater mit Dragracing-Demonstrationen bereicherten. Der Schriftzug »American Commando Drag Team« auf den hinteren Kotflügeln zeugt noch von dem patriotischen Einsatz. 1999 brachte Eckstrand den Lawman zurück nach Detroit und übergab ihn an das Walter E. Chrysler Museum in Auburn Hills. Dort führt er ein beschauliches Dasein.

Es sei denn, er darf mal wieder auf die Piste.
Der Lawman scheint zu merken, dass die gestrengen Augen seiner Betreuer ihn verfolgen. Mit lautem Brabbeln, aber wenig Speed rollt er auf die Bahn. Die ersten Kurven sind eng, nicht sein Lieblingsterritorium. Aber dann kommt die erste Steilkurve. Ein leichter Tritt auf das Gaspedal, der Hemi hämmert los, die Hinterräder quietschen einmal kurz, und der Dodge schießt durch die langgezogene Kurve auf die Gerade, an deren Ende die nächste Steilkurve wartet.
»Speed Limit 75 Miles« warnt ein großes Schild, aber wir beschließen, dass man das nicht ganz so eng zu sehen braucht. Die Tachonadel pendelt in Richtung 100, der Drehzahlmesser zittert auf die Vierer-Marke zu. Kurz vor der zweiten Steilkurve kann man uns wieder sehen, wir nehmen etwas Gas weg und rollen mit 60 Meilen oben dicht an der Leitplanke durch die Kurve. Noch einmal ein kurzer Tritt aufs Gas, dann sind wir wieder in dem engen Geschlängel, die zweite, etwas gemächlichere Runde beginnt.
Zeit, sich ein wenig umzuschauen. Gerade die extravagante Innenausstattung war es, die 1966 für Aufsehen sorgte: vier Einzelsitze in weißem Leder, eine durchgehende Mittelkonsole, in deren Mitte der massive Wählhebel der Torqueflite-Automatik sitzt, ein geradliniges Armaturenbrett mit vier großen Rundinstrumenten und eine flache, riesige Heckscheibe, aus der sich die Verglasung von mindestens vier Käfern ausschneiden ließe.
Der Hemi-Motor brummelt während solcher Betrachtungen gelangweilt vor sich hin. »Keine schwarzen Striche auf der Teststrecke«, hatte Brand gewarnt, »das ist verboten«. Keine Sorge, wir bummeln lieber noch ein paar Runden, lassen die Automatik schon bei der Drei schalten, versuchen die Trommelbremsen zu schonen und uns vorzustellen, wir wären entlang der Woodward Avenue unterwegs nach Detroit, auf der Suche nach dem nächsten Duell.
Ich frage ihn, ob er nicht gern mit mir zurück nach Europa käme, für ein paar Demo-Runden auf der Nordschleife bei der Eifel Klassik zum Beispiel. Nein, die 70 Kurven sind ihm unheimlich. Lieber auf die Woodward Avenue, die hat keine einzige, obwohl sie viel länger ist als die Nordschleife. Und Brand muss sich auch nicht so viele Sorgen machen. Schade eigentlich.

Text: Heinrich Lingner
Fotos: Reinhard Schmid

Daten & Fakten Dodge Charger 426 Hemi »Lawman«

Motor
Achtzylinder-V-Motor, zentrale Nockenwelle, zwei Ventile pro Zylinder, 6973 cm^3, Bohrung x Hub 107,95 x 95,25 mm, 425 PS bei 5000/min, max. Drehmoment 665 Nm bei 4000/min, Verdichtung 10,25:1, Carter-Vierfach-Vergaser.

Kraftübertragung
Hinterradantrieb, Torqueflite-Dreigang-automatik, auf Wunsch mechanisches Vierganggetriebe.

Karosserie/Fahrwerk
Selbsttragende Stahlblechkarosserie, vorn Einzelradaufhängung an Querlenkern, Drehstabfedern und Teleskopdämpfer, hinten Starrachse an Blattfedern und Teleskopdämpfer, Trommelbremsen.

Maße/Gewicht
Radstand/Länge 2972/5170 mm, Breite/Höhe 1910/1350 mm, Leergewicht 1050 kg.

Bauzeit/Stückzahl
1966–67, insgesamt 53 132 Exemplare, 586 mit Hemi-Motor.

1970

Chevrolett Corvette Stingray 454

Fette Beute

▶ *Wenn man fast siebeneinhalb Liter Hubraum in eine so dünne Kunststoffhülle verpackt, dass das Leistungsgewicht knapp unter vier Kilogramm pro PS bleibt, verspricht der Tritt aufs Gaspedal zu einem besonderen Erlebnis zu werden. Zum 50-jährigen Jubiläum des All American Sports Car war Motor Klassik mit der fettesten Variante der Corvette unterwegs: einer offenen, 390 PS starken Stingray 454 von 1970.*

▶ Ein Understatement-Auto war die Corvette nie, die Corvette Stingray des Baujahres 1970 bildet da keine Ausnahme. Und in ihrer offenen Version ist sie erst recht kein Fall für Publikumsscheue.

Der Start ist ganz unspektakulär. Ein kleiner Dreh an einem zierlichen Schlüssel, ein wenig Druck aufs Gaspedal. Irgendwo weit vorn unter der Haube wummert der Big Block los. Gleich darauf brabbelt er mit knapp 600 Umdrehungen im Leerlauf mit der ungleichmäßigen Melodie seiner eigenwilligen Zündfolge.

Harmlos klingt er dabei, gar nicht so viel anders als andere US-Achtzylinder, die vielleicht zwei Drittel des Hubraums und höchstens die halbe Leistung des Big Blocks haben. Quartettspieler der frühen siebziger Jahre – mithin also auch mich – beeindruckte die Corvette mit 7439 cm3 Hubraum und 425 bis 465 PS, je nach Quartett. Die Corvette in meinem war auch offen und gelb, und sie ließ Ferrari 365 GTB/4 und Lamborghini Miura in der Wertschätzung sinken. Denn gegen die Amerikanerin hatten die beiden Italiener nur in den Kriterien »U/min« und »Höchstgeschwindigkeit« eine Chance. Erst der Test von Fritz Reuter in auto motor und sport, Ausgabe 22 von 1974, rückte die Sportwagenwelt für Zwölfjährige wieder ins Lot. Gerade mal 270 DIN-PS hatte die getüvte und entgiftete BigBlock-Corvette, sie lief 222 km/h schnell und brauchte bis zur Hunderter-Marke 7,5 Sekunden. Aber es war eben eine 74er mit Polyurethan-Schnauze statt Chromstoßstange und abgerundetem Heck statt Kamm-Kante.

Ab 1972 begannen die Abgas- und Sicherheitsbestimmungen in den USA der Stingray nach und nach sämtliche Zähne zu ziehen. Wahre Tiefpunkte der Corvette-Geschichte waren dann die Modelle ab Baujahr 75, die – durch noch mehr Plastikanbauten an Bug und Heck verunstaltet – mit gerade mal 190 DIN-PS in der Basisversion durch die Gegend rollten. Der Big-Block-Motor entfiel.

So gesehen ist der Jahrgang 1970 für eine Fahrerprobung genau richtig. Mit den zierlichen Chrombügeln an Front und Heck und der noch ungestört fließenden Linie ist er dem Prototypen Mako Shark II von 1965, der das Designvorbild für die von 1968 bis 1982 gebaute Corvette-Baureihe C3 war, noch am ähnlichsten. Und ihr 7,4 Liter großes Triebwerk leistet zwar bei weitem keine 465 PS, aber im Fahrzeugbrief sind veritable 287 deutsche DIN-Kilowatt – also 390 PS – bei 4100 Touren vermerkt.

Historie

1953
Erste Modellgeneration wird vorgestellt, vorerst mit Sechszylinder.

1956
Erstes Facelift . Die Corvette wird nur noch mit Achtzylindermotoren angeboten.

1958
Erneutes Facelift mit weit gehend neuer Karosserie.

1963
Zweite Generation wird unter dem Namen Stingray präsentiert.

1968
Dritte Generation erscheint mit komplett neuem Design, angelehnt an den Prototypen Mako Shark II.

1973
Facelift mit neuer Front.

1974
Heck wird überarbeitet.

1975
Cabrio wird eingestellt.

1978
Letzte Version der C3-Reihe mit Glas-Heckklappe.

1984
Komplett neues Modell mit modernerem Fahrwerk und neuer Karosserie erscheint.

1997
Fünfte Corvette-Generation geht in Produktion.

2002
GT-Klassensieg in Le Mans. Zum 50-jährigen Jubiläum 2003 erscheint ein Sondermodell.

2004
Erneuter Doppelsieg in Le Mans.

2005
Sechste Corvette-Generation geht in Produktion. Doppelsieg in Le Mans.

2006
Klassensieg in Le Mans

2007
Sieg bei den 24h von Spa

Doch die Begeisterung war gar nicht so groß, als Chevrolet 1968 die Nachfolgerin der seit 1963 gebauten Corvette Stingray präsentierte. Die Tester der amerikanischen Fachblätter störten sich weniger an der fast unverändert vom Vorgänger übernommenen Technik. Die Form war es, die ihr Missfallen erregte. Auch die miserable Verarbeitungsqualität der ersten Serienfahrzeuge ärgerte die Fachjournalisten. Ein Tester von Car and Driver befand die neue Corvette gar als »zu wenig fertig, um einem Straßentest unterzogen zu werden«.

Abfallende Teile, nicht funktionierende Bedienungshebel oder klemmende Schlösser sind bei unserer 70er-Vette nicht zu beklagen, obwohl sie schon 32 Jahre alt ist. Immerhin wurde sie sorgfältig überarbeitet, Fahrwerk und Antrieb aufwendig überholt. Nur der Innenraum blieb im bemerkenswert gut erhaltenen Originalzustand. Vielleicht kann man gerade deswegen die zeitgenössische Kritik an billigem Plastik im Cockpit und dem jämmerlichen Platzangebot in dem fast fünf Meter langen Sportwagen so mühelos nachvollziehen.

Das Platznehmen fällt dann doch nicht ganz so schwer wie erwartet. Trotz der um 18 Zentimeter gewachsenen Gesamtlänge blieb der Radstand mit spärlichen 2489 Millimeter, und damit das Platzangebot, unverändert. Doch das nicht originale, kleinere Lenkrad und der größere Verstellbereich der Sitzlehne ermöglichen eine deutlich kommodere Fahrhaltung als beispielsweise in einer 63er Stingray.

▶ Aus der Vogelperspektive wird deutlich, warum das Auto auch Coke Bottle heißt.

Heute verklären 30 Jahre und viele Runden Autoquartett unter der Schulbank den Blick auf das schmucklose Instrumentarium und die scheinbar wahllos im Cockpit verstreuten Bedienknöpfe: Der Lichtschalter versteckt sich irgendwo links, für die Scheibenwischer ist ein mittig angebrachter Knopf zuständig, und die Klimaanlage will an der Mittelkonsole bedient werden.

Das Wichtigste ist allerdings da, wo es hingehört. Die linke Hand fällt wie von selbst auf den kurzen Schalthebel, den eine Kugel vom Format eines polierten Baseballs krönt. Auch die Kupplung lässt sich finden. Nur das mit dem Betätigen ist nicht so einfach. Sie wehrt sich fast so beharrlich gegen das Ausrücken wie die eines alten Ferrari. Der erste Gang rastet knochig ein, Gas geben ist fast überflüssig. Mit nur leicht erhöhter Leerlaufdrehzahl rollt die Corvette los. Die servounterstützte Lenkung geht spielerisch leicht. Allerdings braucht man fürs Aus-

▶ **Der 7,4 Liter mächtige Achtzylinder leistet nach DIN 390 PS – genug für 1500 Kilogramm Corvette-Technik, Fahrwerk und Karosserie. Im Radhaus sitzen 255er im 15-Zoll-Format, und der Pilot vor einer beindruckenden Uhrensammlung. Nur das kleine Lederlenkrad ist im Corvette-Cockpit nicht original.**

▶ Der Schub der Corvette ist auch nach heutigen Maßstäben beeindruckend. Doch trotz fast fünf Metern Gesamtlänge geht es im Innenraum recht eng zu.

Pegasus 5
D-HUBY
R44
Raven
accenture
TEXAS
270-ZGA

▶ Ohne Zweifel Corvette: Heckpartie der C3-Generation.

▶ Die Scheinwerfer werden per Unterdruck angehöben.

parken das Feingefühl und den Überblick eines Tankerkapitäns. Die spitze Schnauze entzieht sich den Blicken. Man sieht nur rechts und links die riesigen Ausbeulungen der Kotflügel, und die Straße scheint zehn Meter weiter vorn unter dem Auto zu verschwinden.
Einmal in Fahrt beginnt die Corvette den Asphalt aufzufressen. Immer schneller verschwindet das graue Band zwischen den leuchtend gelben Wänden rechts und links der Motorhaube. So ähnlich müssten sich Bobpiloten fühlen, wenn die Eiskanäle gelb wären. Auch der Schub des Motors erinnert an die Gnadenlosigkeit der Erdanziehung, wenn man sich ihr auf schmalen Stahlkufen in einer steilen Eisrinne aussetzt. Schon bei 30 Meilen auf dem Tacho wird in den vierten Gang geschal-

Amerikanische Klasiker unter sich: Der Corvette wird von einer Fairchild von 1937 verfolgt.

tet, ohne dass der Vorwärtsdrang merklich nachlässt. Der Auspuffton wird lauter, bleibt aber recht erstaunlich dezent.

Stefan von Harten, Inhaber des Corvette-Centers Mörfelden und Besitzer der 454er, widerstand der Versuchung, seinem gelben Schmuckstück ein Brüllrohr zu verpassen. Er liebt es kultivierter. Das war in Corvette-Kreisen nicht immer üblich. »Früher«, so erzählt er gegen den Fahrtwind bei 50 Meilen pro Stunde, »war die Szene etwas anrüchig. Das hat sich geändert, viele Kunden von heute sind Sportwagensammler, die ein paar Porsche und Ferrari und eben auch eine originale Corvette haben.« Man kann die Sammler verstehen, denn gerade die 454er-Version ist ein reizvolles Kontrastprogramm zu den zeitgenössischen europäischen Sportlern. Die Corvette macht gelassen. Sie bummelt gemütlich vor sich hin, teilt ab und zu ein paar Stöße mit der blattgefederten Hinterhand aus und sonnt sich in den Blicken der meist hektisch vorbeieilenden Autofahrer. Keiner davon ist abfällig, eine originale, unverbastelte Corvette wird freundlich aufgenommen., Dass ein gutes Cabrio des Baujahrs 1970 durchaus mal 35 000 Euro kosten darf, sieht man ihr nicht unbedingt an. Ein Understatement-Auto ist sie deswegen noch lange nicht. Und in der offenen Ausführung schon gar kein Fall für Publikumsscheue.

Man hat ihr damals vorgeworfen, dass sie ein Showauto sei. Ein Hingucker zwar, aber »in den Fahreigenschaften nicht ganz auf dem hohen Niveau europäischer Sportwagen«, wie Fritz Reuter in *auto motor und sport* notierte. Das mag man ihr heute nicht mehr nachsagen. Schließlich kann eine Sieben-Liter-Corvette bei Bedarf immer noch ganz schön schnell um die Ecken pfeifen, wenn der Fahrer mit der superdirekten, aber gefühllosen Lenkung den richtigen Radius erwischt. Und sie kann immer noch – je nach Talent des Piloten – Hinterreifen oder Kupplung in Rauch aufgehen lassen.

Ein weich gespülter Sportwagen ist die 70er-Corvette wahrlich nicht. Immerhin erreichte eine 390 PS starke 454 im *Road & Track-Test* von 1970 eine Höchstgeschwindigkeit von 231 km/h, beschleunigte in sieben Sekunden auf 60 Meilen und absolvierte den klassischen amerikanischen Dragster-Test über die Viertelmeile in 15 Sekunden.

Die Bremsen werden mit dem Alltagsverkehr gut fertig. Auch die Wassertemperatur bleibt trotz der hohen Außentemperaturen im grünen Bereich. Schließlich hat Stefan von Harten seine Corvette mit einem leistungsfähigeren Kühlernetz und einem elektrischen Ventilator bestückt.

Nicht nur deshalb gebe ich sie ungern wieder her. Corvette fahren ist gefährlich, denn es macht süchtig. Süchtig nach Drehmoment, Sound und süchtig nach diesem Touch gelassener amerikanischer Lebensart, den dieses Auto vermittelt.

▶ Hinter dieser Klappe verbirgt sich ein nur 68 Liter fassender Tank.

So wie dieses Exemplar ist sie genau richtig: gelb, offen, mit dem Big-Block-Motor und Schaltgetriebe. Leider ist sie so gut wie verkauft. Es muss noch mehr Quartettspieler geben in diesem Land.

Text: Heinrich Lingner
Fotos: Achim Hartmann

Daten & Fakten Chevrolet Corvette Stingray 454

▶ Motor

Achtzylinder-V-Motor, Winkel 90 Grad, 7439 cm^3, Bohrung x Hub 108,0 x 101,6 mm, 287 kW (390 PS) bei 4100/min, max. Drehmoment 52,2 mkg (512 Nm) bei 2800/min, vierfach gelagerte Kurbelwelle, eine zentrale Nockenwelle, Hydrostößel, ein Vierfach-Fallstromvergaser.

▶ Kraftübertragung

Hinterradantrieb, mechanisches Vierganggetriebe, auf Wunsch Dreigang-Automatikgetriebe Turbo-Hydramatic.

▶ Karosserie/Fahrwerk

Kastenrahmen aus Stahl mit aufgesetzter Kunststoff-Karosserie, vorn Einzelradaufhängung an Querlenkern, Schraubenfedern und Stabilisator, hinten Einzelradaufhängung an Quer- und Längslenkern mit Querblattfedern, Teleskopdämpfer rundum, Scheibenbremsen rundum, Reifengröße 255/70 HR 15.

▶ Maße/Gewicht

Radstand/Länge 4705/2489 mm, Breite/Höhe 1755/1220 mm, Leergewicht 1500 kg, Tankinhalt 68 Liter.

▶ Fahrleistungen/Verbrauch

(Road & Track, 1970) 0 bis 60 mph (96 km/h) 7,0 s, Viertelmeile mit stehendem Start 15,0 s, Höchstgeschwindigkeit 231 km/h, Verbrauch 26 Liter/100 km.

▶ Bauzeit/Stückzahl

Modelljahr 1970, 17 316 Exemplare, davon 10 668 Cabrios und 6648 T-Top Coupés, 4473 mit 7,3-Liter-Motor.

Kult-Autos

Harry Niemann
Personenwagen von Mercedes-Benz
Diese großartige Chronik beginnt bei den Anfängen in Stuttgart und Mannheim und führt über den unaufhaltsamen Aufstieg bis zur heutigen Welt-AG. Sie ist eine kurz gefasste, knappe Gesamtdarstellung der 120-jährigen Geschichte des berühmtesten Automobilherstellers der Welt: Der Stern im Wandel der Zeit.
272 Seiten, 350 Bilder
Bestell-Nr. 02596 **€ 29,90**

Jürgen Lewandowski
Maserati
Passend zum aktuellen Höhenflug der Italo-Klassiker von Maserati ist diese außergewöhnliche Hommage erschienen. Ein stilvoller Band im Schuber über einen der ältesten italienischen Sportwagenhersteller überhaupt. Mit Herzblut geschrieben, mit Leidenschaft gestaltet und mit Feingefühl ausgestattet.
704 Seiten im Schuber, 515 Bilder, davon 277 in Farbe, 10 Zeichnungen
Bestell-Nr. 02934 **€ 49,90**

Eberhard Kittler
DDR Automobil-Klassiker Band 1
Die Hersteller der DDR produzierten bis in die 60er-Jahre trotz Mangelwirtschaft und staatlicher Einschränkungen eine ganze Reihe sehr attraktiver Fahrzeuge, die keinen Vergleich mit der Westware scheuen mussten. Eberhard Kittler setzt diese Automobilklassiker vor möglichst authentischer Kulisse in Szene.
160 Seiten, 165 Farbbilder
Bestell-Nr. 02256 **€ 26,–**

Malte Jürgens
Youngtimer
Den Klassikern im Wartestand ist auch Malte Jürgens erlegen. Wie die überwältigende Resonanz auf den brillant fotografierten ersten »Youngtimer«-Band bewies, steht er damit nicht allein. In diesem Folgeband finden sich nochmals die Fahrzeuge des vergriffenen ersten Bandes sowie zahlreiche neue Geschichten.
256 Seiten, 313 Bilder, davon 311 in Farbe
Bestell-Nr. 02886 **€ 29,90**

Brian Laban
Porsche
Unterstützt durch hervorragendes Bildmaterial, gelingt es dem Autor, die Faszination Porsche zu ergründen, einzufangen und für den Leser erlebbar zu machen. Die topaktuelle Chronologie beschreibt die Geschichte von Porsche, von der berühmten Nummer 1 bis zu den aktuellen Modellen 911 GT2 und Cayenne GTS.
224 Seiten, 330 Bilder, davon 326 in Farbe
Bestell-Nr. 30612 **€ 19,95**

IHR VERLAG FÜR AUTO-BÜCHER

Postfach 10 37 43 · 70032 Stuttgart
Telefon (07 11) 2108065 · Fax (07 11) 2108070
www.paul-pietsch-verlage.de

Motor buch Verlag